I0756436

The Michigan Historical Reprint Series

Reprints from the collection of the University of Michigan University Library

This volume is produced from digital images created through the University of Michigan University Library's preservation reformatting program. The Library seeks to preserve the intellectual content of items in a manner that facilitates and promotes a variety of uses. The digital reformatting process results in an electronic version of the text that can both be accessed online and used to create new print copies. This book and thousands of others can be found in the digital collections of the University of Michigan Library. The University Library also understands and values the utility of print, and makes reprints available through its Scholarly Publishing Office.

For access to the University of Michigan Library's digital collections, please see http://www.lib.umich.edu.

The Scholarly Publishing Office seeks to disseminate high-quality, cost-effective scholarly content through both print and electronic publishing. Information about the Scholarly Publishing Office can be found at http://spo.umdl.umich.edu.

The Scholarly Publishing Office
the University of Michigan
University Library

EXERCICES ÉLÉMENTAIRES

DE

GÉOMÉTRIE ANALYTIQUE

A

DEUX ET A TROIS DIMENSIONS.

ΑΕΙ Ο ΘΕΟΣ ΓΕΩΜΕΤΡΕΙ

EXERCICES ÉLÉMENTAIRES

DE

GÉOMÉTRIE ANALYTIQUE

A

DEUX ET A TROIS DIMENSIONS

AVEC UN

Exposé des méthodes de résolution,

SUIVIS DES

ÉNONCÉS DES PROBLÈMES DONNÉS POUR LES COMPOSITIONS D'ADMISSION AUX ÉCOLES POLYTECHNIQUE, NORMALE, CENTRALE, AU CONCOURS GÉNÉRAL, A L'AGRÉGATION

PAR

A. RÉMOND,

Ancien élève de l'École Polytechnique, Licencié ès Sciences.
Professeur de Mathématiques spéciales à l'École préparatoire de Sainte-Barbe.

SECONDE PARTIE.

GÉOMÉTRIE A TROIS DIMENSIONS. — PROBLÈMES GÉNÉRAUX.
ÉNONCÉS.

PARIS,

GAUTHIER-VILLARS ET FILS, IMPRIMEURS-LIBRAIRES

DU BUREAU DES LONGITUDES, DE L'ÉCOLE POLYTECHNIQUE.

Quai des Grands-Augustins, 55.

1891

AVANT-PROPOS.

Dans la Préface de notre premier volume, datée de 1887, nous disions : « Cet ouvrage est destiné aux élèves ; puisse- » t-il leur être utile ! Notre but sera atteint. »

Nous pouvons aujourd'hui formuler le même souhait en faveur de ce complément à notre travail, en espérant le voir accueilli avec la même faveur que son aîné.

Le succès obtenu par la première Partie de ces *Exercices* a même suscité une imitation, pour ne pas dire plus, contre laquelle nous ne voulons pas protester ici, mais que nous nous réservons d'apprécier dans une Note spéciale, distribuée à nos collègues de l'Enseignement.

A. R.

1er juin 1891.

SECONDE PARTIE.

I

GÉOMÉTRIE ANALYTIQUE

A TROIS DIMENSIONS.

GÉOMÉTRIE ANALYTIQUE
A TROIS DIMENSIONS.

CHAPITRE PREMIER.

PLAN, LIGNE DROITE, SPHÈRE.

Rappel de résultats.

Nota. — Dans toutes les formules relatives aux angles ou aux distances, les axes de coordonnées sont supposés rectangulaires.

(*a*) Si l'on appelle α, β, γ les angles que fait une demi-droite issue de l'origine avec trois axes de coordonnées, on a

$$\cos^2\alpha + \cos^2\beta + \cos^2\gamma = 1.$$

Toutes quantités proportionnelles à $\cos\alpha$, $\cos\beta$, $\cos\gamma$ s'appellent des *coefficients de direction*.

(*b*) L'angle de deux directions définies par les angles (α, β, γ), $(\alpha', \beta', \gamma')$ qu'elles font avec les axes est donné par

$$\cos V = \cos\alpha\cos\alpha' + \cos\beta\cos\beta' + \cos\gamma\cos\gamma'.$$

(*c*) Soient λ, μ, ν, λ', μ', ν' des coefficients de direction de deux demi-droites. Ces demi-droites sont *perpendiculaires* si l'on a

$$\lambda\lambda' + \mu\mu' + \nu\nu' = 0;$$

elles sont *parallèles* si l'on a

$$\frac{\lambda}{\lambda'} = \frac{\mu}{\mu'} = \frac{\nu}{\nu'}.$$

(*d*) x, y, z étant les coordonnées d'un point quelconque d'une demi-droite issue de l'origine, ses cosinus directeurs sont donnés par

$$\cos\alpha = \frac{x}{(x^2+y^2+z^2)^{\frac{1}{2}}},$$

$$\cos\beta = \frac{y}{(x^2+y^2+z^2)^{\frac{1}{2}}},$$

$$\cos\gamma = \frac{l}{(x^2+y^2+z^2)^{\frac{1}{2}}}.$$

Plus généralement, les mêmes formules permettent de déduire les cosinus directeurs de coefficients de direction quelconques.

(*e*) Toute équation du premier degré à trois variables

$$Ax + By + Cz + D = 0$$

représente un plan : A, B, C sont des coefficients de direction de la normale à ce plan.

Dans toutes les questions de direction, on remplace le plan par sa normale.

(*f*) La fonction

$$\frac{Ax + By + Cz + D}{(A^2 + B^2 + C^2)^{\frac{1}{2}}},$$

calculée pour les coordonnées d'un point quelconque de l'espace, donne, avec son signe, la distance de ce point au plan représenté par l'équation

$$Ax + By + Cz + D = 0.$$

(*g*) L'équation générale des plans passant par l'intersection de deux plans donnés $P = 0$, $Q = 0$ est

$$P + \lambda Q = 0,$$

λ étant un paramètre variable.

(*h*) Soient $P = 0$, $P' = 0$, les équations de deux plans; ces équations associées sont celles de leur droite d'intersection.

Les équations d'une droite prennent les deux formes

$$\frac{x-a}{\cos\alpha} = \frac{y-b}{\cos\beta} = \frac{z-c}{\cos\gamma} = r,$$

$$x = \frac{\alpha + \lambda X}{1+\lambda}, \qquad y = \frac{\beta + \lambda Y}{1+\lambda}, \qquad z = \frac{\gamma + \lambda Z}{1+\lambda}.$$

r mesure avec son signe la distance du point (x, y, z) au point $a, b, c)$ λ est le rapport des distances du point (x, y, z) aux points (α, β, γ), (X, Y, Z).

(k) Des coefficients de direction de la droite

$$\left\{\begin{array}{l} A x + B y + C z + D = 0, \\ A' x + B' y + C' z + D' = 0 \end{array}\right.$$

sont

$$\lambda = BC' - CB', \qquad \mu = CA' - AC', \qquad \nu = AB' - BA'.$$

(l) Les droites

$$\left\{\begin{array}{l} P = 0, \\ P' = 0, \end{array}\right. \qquad \left\{\begin{array}{l} R = 0, \\ R' = 0 \end{array}\right.$$

sont situées dans un même plan si le déterminant des coefficients de ces quatre équations est nul.

(m) Un plan quelconque passant par la droite

$$\frac{x-a}{\alpha} = \frac{y-b}{\beta} = \frac{z-c}{\gamma}$$

a pour équation

$$\lambda(x-a) + \mu(y-b) + \nu(z-c) = 0,$$

si λ, μ, ν sont liés par la relation $\alpha\lambda + \beta\mu + \gamma\nu = 0$, qui exprime que la normale au plan est perpendiculaire à la droite donnée.

(n) La distance de deux points (x, y, z), (a, b, c) est donnée par

$$d^2 = (x-a)^2 + (y-b)^2 + (z-c)^2.$$

(o) L'équation générale des sphères de l'espace est

$$x^2 + y^2 + z^2 - 2\lambda x - 2\mu y - 2\nu z + \theta = 0.$$

Les demi-coefficients de x, de y et de z changés de signe, donnent les coordonnées du centre de la sphère.

(p) L'équation générale des sphères passant à l'intersection de deux sphères données $S = 0$, $S' = 0$ est

$$S + \lambda S' = 0,$$

λ étant un paramètre variable.

I. — Plan et ligne droite.

1. *Un plan tourne autour d'une droite fixe ; d'un point fixe de l'espace on abaisse à chaque instant la perpendiculaire sur ce plan ; on demande le lieu de cette droite.*

Prenons la droite fixe comme axe des z : soit A (a, b, c) le point fixe donné ; l'équation d'un plan quelconque passant par l'axe des z est

$$\lambda x - y = 0. \tag{1}$$

Les équations de la perpendiculaire à ce plan, menée par le point A, sont donc

$$\frac{x-a}{\lambda} = \frac{y-b}{-1} = \frac{z-c}{0}. \tag{2}$$

Les coefficients de direction de la normale au plan (1), mis en évidence dans son équation, sont en effet $\lambda, -1, 0$.

On obtiendra la relation qui existe entre les coordonnées x, y, z du lieu étudié, en éliminant le paramètre λ entre les équations (2).

L'une de ces équations,

$$z - c = 0,$$

est indépendante du paramètre variable ; elle est donc l'équation du lieu.

Ce lieu est le plan mené par le point fixe A perpendiculairement à la droite Oz autour de laquelle tournent les plans de l'énoncé : résultat évident géométriquement.

2. *Trouver les équations de la projection de la droite*

$$\frac{x-a}{\alpha} = \frac{y-b}{\beta} = \frac{z-c}{\gamma}$$

sur le plan

$$Ax + By + Cz + D = 0.$$

(*École Polytechnique.* — Examen oral ; admissibilité. 1886.)

La projection de la droite donnée est définie par l'intersection du plan donné

$$Ax + By + Cz + D = 0$$

avec le plan mené par la droite donnée perpendiculairement à ce plan.

Or, l'équation d'un plan quelconque passant par la droite donnée est

$$(1) \qquad \lambda(x - a) + \mu(y - b) + \nu(z - c) = 0,$$

λ, μ, ν étant liés par la relation

$$(2) \qquad \alpha\lambda + \beta\mu + \gamma\nu = 0$$

qui exprime que la normale au plan (1) est perpendiculaire à la droite donnée.

Ce plan (1) doit être perpendiculaire au plan

$$Ax + By + Cz + D = 0;$$

on a donc

$$(3) \qquad A\lambda + B\mu + C\nu = 0.$$

L'équation du plan projetant est finalement

$$\begin{vmatrix} (x - a) & (y - b) & (z - c) \\ \alpha & \beta & \gamma \\ A & B & C \end{vmatrix} = 0,$$

c'est-à-dire

$$(4) \qquad (x - a)(B\gamma - C\beta) + (y - b)(C\alpha - A\gamma) + (z - c)(A\beta - B\alpha) = 0.$$

Les équations

$$Ax + By + Cz + D = 0,$$
$$(x - a)(B\gamma - C\beta) + \ldots \quad = 0$$

sont celles de la projection demandée.

3. *Trouver les coordonnées du point symétrique d'un point donné par rapport à une droite donnée.*

(*École Polytechnique.* — Examen oral; admissibilité. 1886.)

Soient

$$(1) \qquad \frac{x-a}{l} = \frac{y-b}{m} = \frac{z-c}{n}$$

les équations de la droite donnée, l, m, n étant ses cosinus directeurs, et soit P (α, β, γ) le point donné.

Soient ξ, η, ζ les coordonnées du pied R de la perpendiculaire abaissée du point L sur la droite donnée; les coordonnées $(\alpha', \beta', \gamma')$ du point P', symétrique de P par rapport à la droite, se déduisent des formules

$$\xi = \frac{\alpha+\alpha'}{2}, \qquad \eta = \frac{\beta+\beta'}{2}, \qquad \zeta = \frac{\gamma+\gamma'}{2};$$

d'où l'on tire

$$\alpha' = 2\xi - \alpha, \qquad \beta' = 2\eta - \beta, \qquad \gamma' = 2\zeta - \gamma.$$

Calculons maintenant ξ, η, ζ; le point R est l'intersection de la droite donnée avec le plan mené par le point P perpendiculairement à cette droite; ce plan a pour équation

$$l(x-\alpha) + m(y-\beta) + n(z-\gamma) = 0.$$

La distance du point (a, b, c), mis en évidence dans l'équation de la droite, à ce pied est

$$r = l(a-\alpha) + m(b-\beta) + n(c-\gamma).$$

On a donc

$$\xi = a + l\,[l(a-\alpha) + m(b-\beta) + n(c-\gamma)],$$
$$\eta = b + m\,[l(a-\alpha) + m(b-\beta) + n(c-\gamma)],$$
$$\zeta = c + n\,[l(a-\alpha) + m(b-\beta) + n(c-\gamma)].$$

4. *Étant donné les équations d'une droite*

$$x = y = z,$$

former les équations de deux plans rectangulaires passant par cette droite.

(*École Centrale.* — Examen oral; juillet 1886.)

L'équation d'un plan quelconque passant par la droite donnée est

$$\lambda x + \mu y + \nu z = 0, \tag{1}$$

λ, μ, ν étant liés par la relation

$$\lambda + \mu + \nu = 0. \tag{2}$$

Un autre plan passant par cette droite a pour équation

$$\lambda' x + \mu' y + \nu' z = 0, \tag{3}$$

si l'on a

$$\lambda' + \mu' + \nu' = 0; \tag{4}$$

les plans (1) et (3) doivent être rectangulaires, donc on doit avoir

$$\lambda\lambda' + \mu\mu' + \nu\nu' = 0. \tag{5}$$

Les équations (4) et (5) donnent

$$\frac{\lambda'}{\nu - \mu} = \frac{\mu'}{\lambda - \nu} = \frac{\nu'}{\mu - \lambda}.$$

Les équations de deux plans rectangulaires passant par la droite donnée sont donc

$$\lambda x + \mu y + \nu z = 0,$$
$$(\nu - \mu) x + (\lambda - \nu) y + (\mu - \lambda) z = 0,$$

λ, μ, ν, étant liés par la relation (2).

5. *On donne deux droites* A, B; *par la droite* A *on mène des plans sur lesquels on projette la droite* B; *on demande le lieu géométrique de cette projection.*

(*École Polytechnique.* — Examen oral; admissibilité. 1886.)

Soient

$$\frac{x-a}{\alpha}=\frac{y-b}{\beta}=\frac{z-c}{\gamma}, \tag{1}$$

$$\frac{x-a'}{\alpha'}=\frac{y-b'}{\beta'}=\frac{z-c'}{\gamma'} \tag{2}$$

les équations des droites données.

L'équation d'un plan quelconque passant par la première droite est

$$\lambda(x-a)+\mu(y-b)+\nu(z-c)=0, \tag{3}$$

si l'on a

$$\lambda\alpha+\mu\beta+\nu\gamma=0. \tag{4}$$

L'équation d'un plan quelconque passant par la seconde droite est de même

$$\lambda'(x-a')+\mu'(y-b')+\nu'(z-c')=0, \tag{5}$$

si l'on a

$$\lambda'\alpha'+\mu'\beta'+\nu'\gamma'=0. \tag{6}$$

Le plan (5) sera un plan projetant de la droite (2) sur le plan (3) si l'on a la relation

$$\lambda\lambda'+\mu\mu'+\nu\nu'=0. \tag{7}$$

L'équation de la surface-lieu s'obtient en éliminant les six paramètres λ, μ, ν, λ', μ', ν' entre les cinq équations homogènes (3), (4), (5), (6), (7).

De (3) et (4) on tire

$$\frac{\lambda}{\gamma(y-b)-\beta(z-c)}=\frac{\mu}{\alpha(z-c)-\gamma(x-a)}$$
$$=\frac{\nu}{\beta(x-a)-\alpha(y-b)}.$$

De même, de (5) et (6),

$$\frac{\lambda'}{\gamma'(y-b')-\beta'(z-c')}=\frac{\mu'}{\alpha'(z-c')-\gamma'(x-a')}$$
$$=\frac{\nu'}{\beta'(x-a')-\alpha'(y-b')}.$$

Portant dans l'équation (7) il vient

$$(8)\quad \sum[\gamma(y-b)-\beta(z-c)][\gamma'(y-b')-\beta'(z-c')]=0,$$

équation d'une surface du second ordre.

6. *Chercher si les deux droites*

$$\begin{cases} x-1=y, \\ x+y=z, \end{cases}\qquad \begin{cases} x=z, \\ x-y=2 \end{cases}$$

se coupent.

On mène la perpendiculaire commune à ces deux droites; trouver les coordonnées de son pied sur la première droite.

(*École Polytechnique.* — Examen oral; admissibilité. 1886.)

(*a*) On pourrait former le déterminant des coefficients de ces équations et constater qu'il n'est pas nul, ce qui prouve que les droites ne sont pas dans un même plan; mais en écrivant les équations

$$\begin{cases} x-y-1=0, \\ x+y-z=0, \end{cases}\qquad \begin{cases} x-z=0, \\ x-y-2=0, \end{cases}$$

on remarque que ces droites sont situées dans les plans *parallèles*

$$x-y-1=0,\qquad x-y-2=0,$$

elles ne se coupent donc pas.

(*b*) La perpendiculaire commune est l'intersection des plans menés respectivement par ces droites, perpendiculairement à un plan parallèle à ces deux droites.

La remarque précédente nous montre que l'un de ces plans a pour équation

$$x - y = 0.$$

Le pied de la perpendiculaire commune sur la première droite est l'intersection de cette droite et du plan mené par la seconde droite perpendiculairement au plan $x - y = 0$.

Or, l'équation d'un plan quelconque mené par la seconde droite a pour équation

$$x - y - 2 + \lambda(x - z) = 0;$$

il sera perpendiculaire au plan $x - y = 0$ si l'on a

$$\lambda + 2 = 0.$$

Le pied de la perpendiculaire commune sur la première droite est donc défini par

$$x - y = 1,$$
$$x + y - z = 0,$$
$$x + y - 2z + 2 = 0.$$

7. *On donne le plan*

(1) $$lx + my + nz = 0$$

en coordonnées rectangulaires; écrire les équations de deux droites rectangulaires, contenues dans ce plan et passant par l'origine.

(*École Polytechnique.* — Examen oral; admissibilité. 1886.)

Première Solution. — Un plan quelconque passant par l'origine a pour équation

(2) $$\lambda x + \mu y + \nu z = 0.$$

Des coefficients de direction de la droite commune à ce

plan et au plan (1) sont donnés par

$$(3)\qquad \frac{x}{m\nu - n\mu} = \frac{y}{n\lambda - l\nu} = \frac{z}{l\mu - m\lambda}.$$

Un second plan quelconque passant à l'origine est de même

$$(4)\qquad \lambda' x + \mu' y + \nu' z = 0,$$

et des coefficients de direction de la droite commune aux plans (1) et (4) sont donnés par

$$(5)\qquad \frac{x}{m\nu' - n\mu'} = \frac{y}{n\lambda' - l\nu'} = \frac{z}{l\mu' - m\lambda'}.$$

Les droites (3) et (5) seront perpendiculaires si l'on a

$$(6)\qquad (m\nu - n\mu)(m\nu' - n\mu') + (n\lambda - l\nu)(n\lambda' - l\nu') + (l\mu - m\lambda)(l\mu' - m\lambda') = 0.$$

Dès lors, les équations (3) et (5) répondent à l'énoncé si l'on établit entre leurs coefficients la relation (6).

Deuxième Solution. — Les équations d'une droite quelconque contenue dans le plan (1) sont

$$(7)\qquad \frac{x}{\lambda} = \frac{y}{\mu} = \frac{z}{\nu},$$

λ, μ, ν étant liés par la relation

$$(8)\qquad l\lambda + m\mu + n\nu = 0.$$

Une autre droite du plan a, de même, pour équations

$$(9)\qquad \frac{x}{\lambda'} = \frac{y}{\mu'} = \frac{z}{\nu'},$$

λ', μ', ν' satisfaisant à la relation

$$(10)\qquad l\lambda' + m\mu' + n\nu' = 0.$$

Les droites (7) et (9) sont rectangulaires si l'on a

$$\lambda\lambda' + \mu\mu' + \nu\nu' = 0. \tag{11}$$

Les équations (10) et (11) permettent d'exprimer λ', μ', ν' en fonction de λ, μ, ν, l, m, n.

$$\frac{\lambda'}{m\nu - n\mu} = \frac{\mu'}{n\lambda - l\nu} = \frac{\nu'}{l\mu - m\lambda}.$$

Les droites demandées sont donc finalement

$$\frac{x}{\lambda} = \frac{y}{\mu} = \frac{z}{\nu}, \tag{7}$$

$$\frac{x}{m\nu - n\mu} = \frac{y}{n\lambda - l\nu} = \frac{z}{l\mu - m\lambda}, \tag{12}$$

λ, μ, ν étant liés par la relation

$$l\lambda + m\mu + n\nu = 0. \tag{8}$$

(*Voir* Ch. II, p. 38).

8. *On donne deux droites*

$$\frac{x - x_0}{a_0} = \frac{y - y_0}{b_0} = \frac{z - z_0}{c_0},$$

$$\frac{x - x_1}{a_1} = \frac{y - y_1}{b_1} = \frac{z - z_1}{c_1}.$$

Par chacune d'elles on mène un plan; on demande le lieu de l'intersection de ces plans quand on les astreint à se couper sous un angle donné α.

(*École Polytechnique.* — Examen oral; admission. 1886.)

L'équation générale des plans passant par la première droite est

$$\lambda(x - x_0) + \mu(y - y_0) + \nu(z - z_0) = 0, \tag{1}$$

λ, μ, ν étant astreints à vérifier l'équation

$$a_0\lambda + b_0\mu + c_0\nu = 0. \tag{2}$$

De même, l'équation d'un plan passant par la seconde droite est

$$(3)\qquad \lambda'(x-x_1)+\mu'(y-y_1)+\nu'(z-z_1)=0,$$

λ', μ', ν' étant liés par la relation

$$(4)\qquad a_1\lambda'+b_1\mu'+c_1\nu'=0.$$

L'angle des plans mobiles devant être constant, les coefficients de direction de leurs normales, mis en évidence, doivent satisfaire à la relation

$$(5)\qquad (\lambda\lambda'+\mu\mu'+\nu\nu')^2-\cos^2\alpha\,(\lambda^2+\mu^2+\nu^2)(\lambda'^2+\mu'^2+\nu'^2)=0.$$

L'équation de la surface-lieu s'obtiendra en éliminant les six paramètres $\lambda, \mu, \nu, \lambda', \mu', \nu'$ entre les cinq équations (1), (2), (3), (4), (5), ce qui est possible, toutes ces équations étant homogènes.

De (1) et (2) on tire

$$\frac{\lambda}{c_0(y-y_0)-b_0(z-z_0)}=\frac{\mu}{a_0(z-z_0)-c_0(x-x_0)}=\frac{\nu}{b_0(x-x_0)-a_0(y-y_0)}.$$

De même, de (3) et (4) il vient

$$\frac{\lambda'}{c_1(y-y_1)-b_1(z-z_1)}=\frac{\mu'}{a_1(z-z_1)-c_1(x-x_1)}=\frac{\nu'}{b_1(x-x_1)-a_1(y-y_1)}.$$

L'équation de la surface est dès lors

$$\Big\{\sum\big[c_0(y-y_0)-b_0(z-z_0)\big]\big[c_1(y-y_1)-b_1(z-z_1)\big]\Big\}^2 -\cos^2\alpha\Big\{\sum\big[c_0(y-y_0)-b_0(z-z_0)\big]^2\Big\} \times\Big\{\sum\big[c_1(y-y_1)-b_1(z-z_1)\big]^2\Big\}=0.$$

9. *Lieu des sommets des angles de grandeur constante dont les côtés passent par deux points fixes.*

(*École Centrale.* — Examen oral; juillet 1886.)

Prenons comme axe des x la droite des points fixes et plaçons l'origine au milieu de ce segment; soit $2a$ sa longueur.

Les équations d'une droite quelconque peuvent s'écrire

$$(1) \qquad \frac{x-\xi}{\cos\lambda}=\frac{y-\eta}{\cos\mu}=\frac{z-\zeta}{\cos\nu},$$

en mettant en évidence un point ξ, η, ζ de cette droite.

Les équations d'une seconde droite passant par le même point sont

$$(2) \qquad \frac{x-\xi}{\cos\lambda'}=\frac{y-\eta}{\cos\mu'}=\frac{z-\zeta}{\cos\nu'}.$$

On tire des équations (1)

$$x=\xi+r\cos\lambda, \qquad y=\eta+r\cos\mu, \qquad z=\zeta+r\cos\nu;$$

il vient de même des équations (2)

$$x=\xi+\rho\cos\lambda', \qquad y=\eta+\rho\cos\mu', \qquad z=\zeta+\rho\cos\nu'.$$

La première droite doit passer au point

$$x=a, \qquad y=0, \qquad z=0.$$

On a donc pour la valeur de r correspondant à ce point

$$(3) \qquad \xi+r\cos\lambda-a=0,$$

$$(4) \qquad \eta+r\cos\mu=0,$$

$$(5) \qquad \zeta+r\cos\nu=0.$$

De même pour la seconde droite qui doit passer par le point

$$x=-a, \qquad y=0, \qquad z=0$$

la valeur de ρ correspondant à ce point satisfait aux équations

(6) $$\xi + \rho \cos\lambda' + a = 0,$$

(7) $$\eta + \rho \cos\mu' = 0,$$

(8) $$\zeta + \rho \cos\nu' = 0.$$

On a de plus la relation

(9) $$\cos\lambda \cos\lambda' + \cos\mu \cos\mu' + \cos\nu \cos\nu' = \cos\alpha,$$

α étant l'angle constant.

Des équations (3), (4), (5) on tire

$$r = [(\xi - a)^2 + \eta^2 + \zeta^2]^{\frac{1}{2}},$$

puis

$$\cos\lambda = \frac{a - \xi}{r},$$

$$\cos\mu = \frac{-\eta}{r},$$

$$\cos\nu = \frac{-\zeta}{r}.$$

De même on a

$$\rho = [(\xi + a)^2 + \eta^2 + \zeta^2]^{\frac{1}{2}},$$

$$\cos\lambda' = \frac{-(\xi + a)}{\rho},$$

$$\cos\mu' = \frac{-\eta}{\rho},$$

$$\cos\nu' = \frac{-\zeta}{\rho}.$$

L'équation du lieu cherché est donc finalement

$$[\xi^2 + \eta^2 + \zeta^2 - a^2]^2 - \cos^2\alpha\, [(\xi - a)^2 + \eta^2 + \zeta^2] \times [(\xi + a)^2 + \eta^2 + \zeta^2] = 0.$$

Cette équation est celle d'un tore engendré par la rotation

autour de Ox d'un cercle placé de telle sorte que le segment sous-tendu par la corde des points fixes soit capable de l'angle donné α.

Après avoir étudié les surfaces de révolution, il sera facile de reconnaître cette propriété sur l'équation que nous venons d'établir.

10. *Une droite se déplace en restant parallèle à un plan donné et en s'appuyant sur deux droites de l'espace; lieu des points qui divisent le segment mobile dans un rapport donné.*

Soient (*fig.* 1) AB la perpendiculaire commune aux deux

Fig. 1.

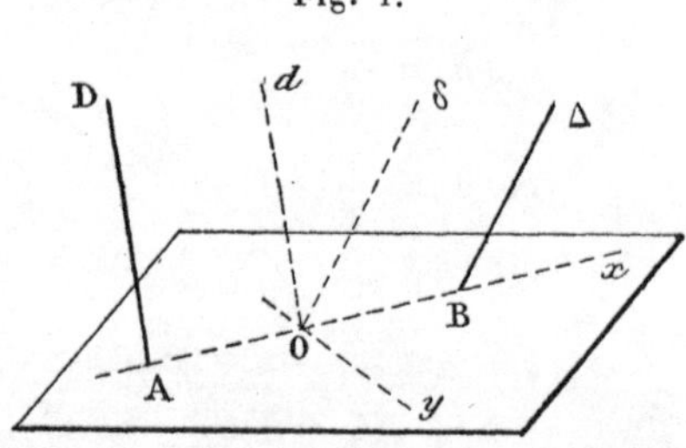

droites données D, Δ; O son milieu, Od, $O\delta$ les parallèles aux droites D et Δ menées par le point O.

Menons par AB un plan parallèle au plan donné H, élevons en O à AB une perpendiculaire; Ox, Oy seront deux axes de coordonnées; nous prendrons comme axe des z le rayon conjugué harmonique de Oy par rapport aux droites Od, $O\delta$; les axes seront donc obliques.

Les équations des droites données sont

$$\text{D}\left\{\begin{array}{l} x+d=0, \\ y+mz=0, \end{array}\right. \qquad \Delta\left\{\begin{array}{l} x-d=0, \\ y-mz=0. \end{array}\right.$$

L'équation d'un plan parallèle au plan H est

$$z - \lambda = 0.$$

Les coordonnées des points M, N de rencontre avec D et Δ sont donc

$$M \begin{cases} x_1 = -d, \\ y_1 = -m\lambda, \\ z_1 = \lambda, \end{cases} \qquad N \begin{cases} x_2 = d, \\ y_2 = m\lambda, \\ z_2 = \lambda. \end{cases}$$

Si l'on appelle k le rapport donné, les coordonnées d'un point P du lieu étudié sont

$$x = \frac{-d + kd}{1 + k}, \qquad y = \frac{-m\lambda + km\lambda}{1 + k}, \qquad z = \lambda;$$

c'est-à dire

$$x = d\frac{k-1}{k+1}, \qquad y = m\lambda\frac{k-1}{k+1}, \qquad z = \lambda.$$

Nous obtiendrons les équations du lieu du point P en éliminant le paramètre λ entre ces trois équations ; ce lieu est donc une ligne plane dont le plan est parallèle au plan $Od\delta$: ces équations sont

$$x = d\frac{k-1}{k+1},$$

$$y = m\frac{k-1}{k+1}z.$$

C'est donc une droite s'appuyant sur AB.

Démonstration géométrique. — Soient (*fig*. 2) H le plan auquel la droite reste parallèle ; D, Δ les deux droites données.

Prenons le point P tel que

$$\frac{PM}{PN} = k,$$

je dis que le lieu des points P est une ligne droite.

Projetons sur le plan H le point N parallèlement à D en n.

Le lieu de cette projection est une droite By, $An = MN$ et lui est parallèle.

Si l'on projette de même le point P en p et qu'on prenne le

Fig. 2.

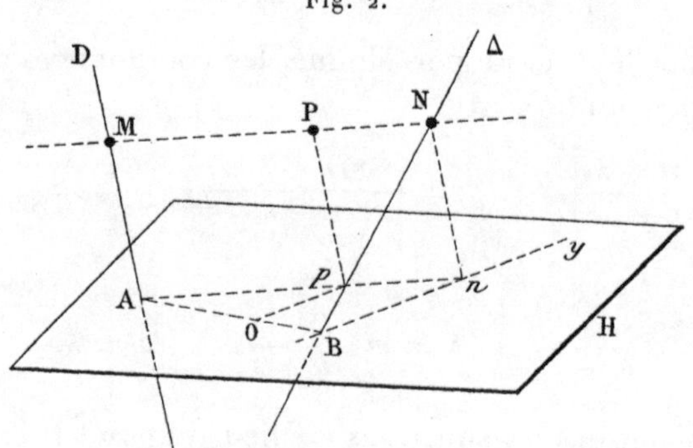

point O sur AB tel que $\frac{OA}{OB} = \frac{PM}{PN} = k$, Op est parallèle à Bn; donc le plan OpP est parallèle au plan fixe BNy, le lieu du point P est donc une courbe plane.

Or $\frac{Pp}{pO} = \frac{Nn}{Bn} = \text{const.}$, donc le lieu du point P est une droite.

11. *Lieu des points dont la différence des carrés des distances à deux points donnés est constante.*

(*Ecole Centrale.* — Examen oral; juillet 1886.)

Soient $A(a, b, c)$, $B(a', b', c')$ les deux points donnés, $M(x, y, z)$ un point du lieu cherché; le carré de sa distance au point A a pour expression

$$\overline{MA}^2 = (x-a)^2 + (y-b)^2 + (z-c)^2;$$

De même, le carré de sa distance au point B est

$$\overline{MB}^2 = (x - a')^2 + (y - b')^2 + (z - c')^2;$$

On doit avoir d'après l'énoncé

$$\overline{MA}^2 - \overline{MB}^2 = k^2,$$

donc (x, y, z) satisfont à l'équation

$$(1)\quad (x-a)^2 + (y-b)^2 + (z-c)^2 - [(x-a')^2 + (y-b')^2 + (z-c')^2] = k^2,$$

c'est-à-dire

$$(2)\quad (a'-a)x + (b'-b)y + (c'-c)z + \frac{a^2+b^2+c^2-(a'^2+b'^2+c'^2)-k^2}{2} = 0.$$

Le lieu géométrique représenté par cette équation est un plan : des coefficients de direction de sa normale sont

$$(a'-a), \qquad (b'-b), \qquad (c'-c);$$

ce sont également des coefficients de direction de la droite AB; le plan (2) est donc perpendiculaire à la droite AB.

12. *Lieu du milieu d'un segment de longueur constante s'appuyant sur deux droites rectangulaires non situées dans un même plan.*

Prenons comme axe des x la perpendiculaire commune aux deux droites données, soit A, B ses pieds (*fig.* 3); plaçons l'origine au milieu O du segment AB; prenons comme plan des zx le plan DAB; le plan des xy contient la droite Δ qui, par hypothèse, est perpendiculaire à la droite BD.

Soient $OA = OB = a$; MN une position du segment donné; les coordonnées du point M sont $(a, 0, \lambda)$; celles du point N sont $(-a, \mu, 0)$; et l'on a la relation

$$(1) \qquad \overline{MN}^2 = d^2 = 4a^2 + \mu^2 + \lambda^2.$$

Les coordonnées du milieu P du segment MN sont :

$$(2) \qquad P \begin{cases} x = \dfrac{a - a}{2} = 0, \\ y = \dfrac{\mu}{2}, \\ z = \dfrac{\lambda}{2}. \end{cases}$$

L'équation du lieu du point P s'obtiendra en éliminant

Fig. 3.

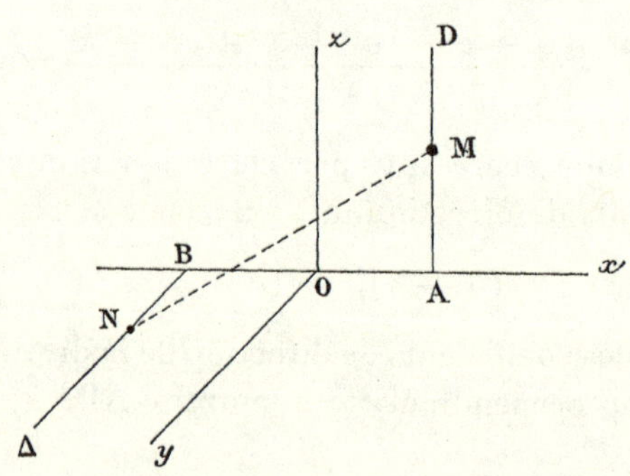

λ, μ entre l'équation (1) et les équations du système (2).

On a ainsi

$$P \begin{cases} x = 0, \\ y^2 + z^2 + a^2 - \dfrac{d^2}{4} = 0. \end{cases}$$

Les points tels que P se trouvent donc dans le plan zOy ; et dans ce plan, sur la circonférence dont l'équation est, par rapport aux axes Oy, Oz,

$$y^2 + z^2 + a^2 - \frac{d^2}{4} = 0.$$

Ce lieu n'est donc réel que si l'on a

$$4a^2 - d^2 < 0,$$

c'est-à-dire, puisqu'il s'agit de longueurs géométriques,

$$2a - d < 0;$$

autrement dit, la longueur d du segment MN doit être supérieure à la distance $2a$ des deux droites données.

II. — SPHÈRE.

1. *Lieu des centres des sphères passant par un point donné et tangentes à un plan donné.*

(*École Centrale.* — Octobre 1886.)

Prenons le point donné comme origine des coordonnées; orientons les axes d'une manière quelconque et soit

$$(1) \qquad Ax + By + Cz + D = 0$$

l'équation du plan donné.

L'équation d'une sphère quelconque passant à l'origine est

$$(2) \qquad x^2 + y^2 + z^2 - 2\lambda x - 2\mu y - 2\nu z = 0.$$

Cette sphère sera tangente au plan (1) si la distance de son centre (λ, μ, ν) à ce plan

$$\frac{A\lambda + B\mu + C\nu + D}{(A^2 + B^2 + C^2)^{\frac{1}{2}}}$$

est égale au rayon

$$R = (\lambda^2 + \mu^2 + \nu^2)^{\frac{1}{2}}$$

de la sphère.

On a donc entre λ, μ, ν, coordonnées du centre, la relation

$$(3) \qquad (\lambda^2 + \mu^2 + \nu^2) - \frac{(A\lambda + B\mu + C\nu + D)^2}{A^2 + B^2 + C^2} = 0.$$

C'est l'équation d'une surface du second ordre que nous étudierons ultérieurement.

2. *Lieu des centres des sphères passant par un point donné et interceptant sur une droite donnée un segment de longueur donnée.*

Plaçons l'origine au point fixe par lequel doivent passer les sphères et orientons les axes d'une manière quelconque; soient

$$\frac{x-a}{\cos\alpha}=\frac{y-b}{\cos\beta}=\frac{z-c}{\cos\gamma} \tag{1}$$

les équations de la droite donnée, d la longueur du segment.

L'équation générale des sphères passant à l'origine est

$$x^2+y^2+z^2-2\lambda x-2\mu y-2\nu z=0. \tag{2}$$

Nous exprimerons que le segment intercepté a la longueur donnée d en exprimant que la différence des racines de l'équation aux rayons vecteurs des points communs à la droite (1) et à la sphère (2) a pour valeur d.

Cette équation aux rayons vecteurs est

$$\begin{aligned} r^2+2[(a-\lambda)\cos\alpha+(b-\mu)\cos\beta+(c-\nu)\cos\gamma]\,r&\\ +a^2+b^2+c^2-2\lambda a-2\mu b-2\nu c=0&; \end{aligned} \tag{3}$$

on doit donc avoir

$$\begin{aligned} &[(a-\lambda)\cos\alpha+(b-\mu)\cos\beta+(c-\nu)\cos\gamma]^2\\ &\qquad-[a^2+b^2+c^2-2\lambda a-2\mu b-2\nu c]=\frac{d^2}{4}. \end{aligned}$$

Cette relation entre λ, μ, ν est l'équation du lieu des centres des sphères satisfaisant à l'énoncé.

Nous verrons plus tard que ce lieu est un cylindre parabolique.

3. *Lieu des centres des sphères de rayon constant passant par un point donné et tangentes à une droite donnée.*

(*École Polytechnique.* — Examen oral; admission. 1886.)

Plaçons l'origine au point donné : l'équation d'une sphère passant par l'origine et de rayon R est

$$x^2 + y^2 + z^2 - 2\lambda x - 2\mu y - 2\nu z = 0, \tag{1}$$

avec la condition

$$\lambda^2 + \mu^2 + \nu^2 = R^2; \tag{2}$$

cette équation montre que le centre des sphères se trouve sur une sphère de rayon R ayant son centre au point fixe commun.

Soient

$$\frac{x-a}{\cos\alpha} = \frac{y-b}{\cos\beta} = \frac{z-c}{\cos\gamma} \tag{3}$$

les équations de la droite donnée à laquelle les sphères doivent être tangentes : cette condition sera réalisée si la droite (3) rencontre la sphère (1) en deux points confondus; or l'équation aux rayons vecteurs des points communs à la droite et à la sphère est

$$\begin{aligned} r^2 &+ 2[(a-\lambda)\cos\alpha + (b-\mu)\cos\beta + (c-\nu)\cos\gamma]\,r \\ &+ a^2 + b^2 + c^2 - 2\lambda a - 2\mu b - 2\nu c = 0. \end{aligned} \tag{4}$$

Cette équation aura ses racines égales si l'on a

$$\begin{aligned} &[(a-\lambda)\cos\alpha + (b-\mu)\cos\beta + (c-\nu)\cos\mu]^2 \\ &\quad -[a^2 + b^2 + c^2 - 2\lambda a - 2\mu b - 2\nu c] = 0. \end{aligned} \tag{5}$$

Cette dernière équation est celle d'un cylindre parabolique; le lieu des centres des sphères est donc une courbe gauche intersection de la sphère (2) et du cylindre (5).

CHAPITRE II.

GÉNÉRATION DES SURFACES.

I. — Surfaces cylindriques.

Rappel de résultats.

Définition. — Une surface cylindrique est engendrée par une droite qui, restant parallèle à une direction fixe, se déplace suivant une loi déterminée.

(*a*) Soient

$$P = 0, \qquad Q = 0,$$

les équations de deux plans donnés.

$$F(P, Q) = 0$$

est l'équation générale des cylindres dont les génératrices sont parallèles à l'intersection des plans $P = 0$, $Q = 0$.

(*b*) Soient

$$G \begin{cases} lx + my + nz = 0, \\ l'x + m'y + n'z = 0 \end{cases}$$

la droite donnant la direction des génératrices d'un cylindre;

$$D \begin{cases} \varphi(x,y,z) = 0, \\ \psi(x,y,z) = 0 \end{cases}$$

les équations d'une courbe directrice. L'équation de la surface cylindrique définie au moyen de ces éléments s'obtient en éliminant x, y, z, entre les équations

$$lx + my + nz = \lambda,$$
$$l'x + m'y + n'z = \mu,$$
$$\varphi(x,y,z) = 0,$$
$$\psi(x,y,z) = 0$$

et en remplaçant dans le résultant du système

$$F(\lambda, \mu) = 0$$

les variables λ et μ par les fonctions

$$lx + my + nz, \qquad l'x + m'y + n'z.$$

L'équation de la surface cylindrique est donc

$$F(lx + my + nz, l'x + m'y + n'z) = 0.$$

(c) L'équation du cylindre circonscrit à la surface dont l'équation est

$$f(x, y, z) = 0,$$

parallèlement à la direction (α, β, γ), s'obtient en exprimant que l'équation

$$f(x + \alpha r, y + \beta r, z + \gamma r) = 0$$

a une racine double.

(d) Si les génératrices de la surface cylindrique sont parallèles à l'un des axes de coordonnées, on obtient son équation en exprimant que l'équation de la surface, ordonnée par rapport à la variable correspondante, a une racine double. On obtient ainsi l'équation du cylindre projetant la surface donnée sur l'un des plans de coordonnées.

(e) L'équation du cylindre projetant la courbe dont les équations sont

$$f(x, y, z) = 0,$$
$$\varphi(x, y, z) = 0$$

sur l'un des plans de coordonnées s'obtient en éliminant la variable correspondante entre les équations de la courbe.

1. *Équation du cylindre circonscrit à la surface dont l'équation est*

$$\frac{x^2}{a^2} + \frac{y^2}{b^2} - \frac{z^2}{c^2} - 1 = 0$$

parallèlement à une direction donnée.

(*École Centrale.* — Examen oral; juillet 1886.)

Les équations d'une parallèle quelconque à la direction donnée, dont j'appelle α, β, γ les cosinus directeurs, sont

$$\frac{\xi - x}{\alpha} = \frac{\eta - y}{\beta} = \frac{\zeta - z}{\gamma}.$$

Le point x, y, z appartiendra à la surface cylindrique demandée si l'équation

$$\frac{(x+\alpha r)^2}{a^2} + \frac{(y+\beta r)^2}{b^2} - \frac{(z+\gamma r)^2}{c^2} - 1 = 0$$

a une racine double.

Cette équation, développée et ordonnée, s'écrit

$$\left(\frac{\alpha^2}{a^2} + \frac{\beta^2}{b^2} - \frac{\gamma^2}{c^2}\right) r^2 + 2\left(\frac{\alpha x}{a^2} + \frac{\beta y}{b^2} - \frac{\gamma z}{c^2}\right) r$$
$$+ \left(\frac{x^2}{a^2} + \frac{y^2}{b^2} - \frac{z^2}{c^2} - 1\right) = 0.$$

L'équation du cylindre circonscrit est donc

$$\left(\frac{\alpha^2}{a^2} + \frac{\beta^2}{b^2} - \frac{\gamma^2}{c^2}\right)\left(\frac{x^2}{a^2} + \frac{y^2}{b^2} - \frac{z^2}{c^2} - 1\right) - \left(\frac{\alpha x}{a^2} + \frac{\beta y}{b^2} - \frac{\gamma z}{c^2}\right)^2 = 0.$$

Le plan de la courbe de contact a pour équation

$$\frac{\alpha x}{a^2} + \frac{\beta y}{b^2} - \frac{\gamma z}{c^2} = 0.$$

2. *Équation d'un cylindre dont les génératrices ont une direction donnée et s'appuient sur une directrice définie par les coordonnées de l'un quelconque de ses points.*

Soient α, β, γ les cosinus directeurs de la direction des génératrices;

$$(1) \qquad x = f(t), \qquad y = \varphi(t), \qquad z = \psi(t)$$

les équations de la directrice donnée. Les coordonnées d'un point quelconque d'une génératrice de la surface peuvent s'écrire

$$(2) \qquad \xi = x + \alpha r, \qquad \eta = y + \beta r, \qquad \zeta = z + \gamma r$$

et un système de valeurs de ξ, η, ζ, doit vérifier les équations (1); on a donc

$$(3) \quad x + \alpha r = f(t), \qquad y + \beta r = \varphi(t), \qquad z + \gamma r = \psi(t).$$

Ce système doit être vérifié par les mêmes valeurs de r et de t; l'élimination de ces variables entre les équations précédentes donnera donc l'équation du cylindre.

Application. — Soient

$$x = at + b, \qquad y = a't + b', \qquad z = \varphi(t)$$

les équations d'une directrice *plane* quelconque ; le système (3) s'écrit ici

$$(3) \qquad \left\{ \begin{aligned} x + \alpha r &= at + b, \\ y + \beta r &= a't + b', \\ z + \gamma r &= \varphi(t). \end{aligned} \right.$$

Des deux premières, écrites sous la forme

$$\begin{aligned} at - \alpha r + b - x &= 0, \\ a't - \beta r + b' - y &= 0, \end{aligned}$$

on tire

$$\frac{t}{\alpha(y - b') + \beta(b - x)} = \frac{r}{a'(b - x) - a(b' - y)} = \frac{1}{a'\alpha - a\beta}.$$

L'équation du cylindre est dès lors

$$z + \gamma\,\frac{a'(b - x) - a(b' - y)}{a'\alpha - a\beta} = \varphi\left(\frac{\alpha(y - b') + \beta(b - x)}{a'\alpha - a\beta}\right).$$

La nature de la surface est en évidence dans cette équation : on peut, en effet, l'écrire

$$P = \varphi(Q),$$

P et Q étant deux polynômes du premier degré. C'est la forme caractéristique des équations de cylindre.

3. *On donne la courbe dont les équations sont*

$$(1) \qquad x = a\cos\varphi, \qquad y = a\sin\varphi, \qquad z = k\varphi,$$

et la droite

$$\frac{x}{\alpha} = \frac{y}{\beta} = \frac{z}{\gamma};$$

on demande l'équation du cylindre dont les génératrices sont parallèles à la droite donnée et s'appuient sur la courbe.

(*Ecole Polytechnique.* — Examen oral; admission. 1886.)

Les équations de la directrice montrent que cette courbe est une hélice tracée sur un cylindre de révolution autour de l'axe des z.

Les coordonnées d'un point quelconque d'une droite parallèle à la direction donnée sont fournies par les équations

$$(2) \qquad \xi = x + \alpha r, \qquad \eta = y + \beta r, \qquad \zeta = z + \gamma r,$$

α, β, γ étant supposés les cosinus directeurs de la droite donnée dans l'énoncé.

La droite (2) sera une génératrice du cylindre, c'est-à-dire que le point x, y, z appartiendra à la surface cylindrique étudiée, si un système de valeurs de ξ, η, ζ vérifie les équations de la directrice.

On doit donc avoir simultanément

$$(3) \qquad \left\{ \begin{aligned} x + \alpha r &= a\cos\varphi, \\ y + \beta r &= a\sin\varphi, \\ z + \gamma r &= k\varphi. \end{aligned} \right.$$

On éliminera φ et r entre ces équations. Il vient

$$\varphi = \frac{z + \gamma r}{k}.$$

On a donc

$$\tang \frac{z + \gamma r}{k} = \frac{y + \beta r}{x + \alpha r} \tag{4}$$

et

$$(x + \alpha r)^2 + (y + \beta r)^2 = a^2;$$

cette équation ordonnée s'écrit

$$(\alpha^2 + \beta^2) r^2 + 2(\alpha x + \beta y) r + x^2 + y^2 - a^2 = 0. \tag{5}$$

On conclut

$$r = \frac{-(\alpha x + \beta y) \pm \sqrt{a^2(\alpha^2 + \beta^2) - (\alpha y - \beta x)^2}}{\alpha^2 + \beta^2} \tag{6}$$

et l'équation de la surface est finalement obtenue en remplaçant r par cette valeur dans l'équation (4).

II. — Surfaces coniques.

Rappel de résultats.

Définition. — Une surface conique est engendrée par une droite qui passe par un point fixe et se déplace suivant une loi déterminée.

Le mode de déplacement de la droite mobile peut être défini :

1° par une relation analytique donnée entre ses coefficients de direction ;

2° au moyen d'une courbe plane ou gauche sur laquelle elle doit s'appuyer constamment ;

3° au moyen d'une surface à laquelle elle doit être constamment tangente.

(*a*) Soient $P = 0$, $Q = 0$, $R = 0$, les équations de trois plans formant un trièdre ; l'équation générale des cônes ayant ce point comme sommet est

$$F(P, Q, R) = 0$$

F désignant une fonction *homogène*.

(*b*) Soit un cône défini par son sommet $S(\alpha, \beta, \gamma)$ et une directrice dont les équations sont

$$D \begin{cases} f(x, y, z) = 0, \\ \varphi(x, y, z) = 0; \end{cases}$$

on obtient l'équation de la surface conique en exprimant qu'une droite issue du sommet S et dont les coordonnées sont fournies par les équations

$$x = \frac{\alpha + \lambda X}{1 + \lambda}, \qquad y = \frac{\beta + \lambda Y}{1 + \lambda}, \qquad z = \frac{\gamma + \lambda Z}{1 + \lambda},$$

s'appuie sur la directrice D, c'est-à-dire que les deux équations

$$f\left(\frac{\alpha + \lambda X}{1 + \lambda}, \ldots\right) = 0,$$

$$\varphi\left(\frac{\alpha + \lambda X}{1 + \lambda}, \ldots\right) = 0$$

ont une racine commune en λ.

(*c*) Si la génératrice issue du sommet S doit rester tangente à la surface ayant pour équation

$$f(x, y, z) = 0,$$

on obtient l'équation de la surface conique en exprimant que l'équation

$$f\left(\frac{\alpha + \lambda X}{1 + \lambda}, \ldots\right) = 0$$

a une racine double en λ.

(*d*) Un cône du second ordre dont l'équation est

$$Ax^2 + A'y^2 + A''z^2 + 2Byz + 2B'zx + 2B''xy = 0$$

a son sommet à l'origine, et est triorthogonal si l'on a

$$A + A' + A'' = 0.$$

La fonction

$$M = A + A' + A'',$$

est un invariant; cette condition est donc générale.

1. *Equation du cône ayant un sommet donné* (α, β, γ) *et pour directrice la parabole*

$$(1) \qquad \begin{cases} z = 0, \\ y^2 - 2px = 0. \end{cases}$$

(*École Centrale.* — Examen oral; juillet 1886.)

Les coordonnées d'un point d'une droite quelconque issue du point S (α, β, γ) sont

$$(2) \qquad x = \frac{\alpha + \lambda X}{1 + \lambda}, \qquad y = \frac{\beta + \lambda Y}{1 + \lambda}, \qquad z = \frac{\gamma + \lambda Z}{1 + \lambda};$$

le point (X, Y, Z) appartient à la surface conique si les coordonnées x, y, z vérifient les équations de la directrice, c'est-à-dire si l'on a

$$(3) \qquad \gamma + \lambda Z = 0,$$

$$(4) \qquad (\beta + \lambda Y)^2 - 2p(\alpha + \lambda X)(1 + \lambda) = 0.$$

La même valeur de λ doit vérifier ces équations. On a donc

$$(5) \qquad (\beta Z - \gamma Y)^2 - 2p(\alpha Z - \gamma X)(Z - \gamma) = 0.$$

C'est l'équation de la surface ; on remarque en évidence dans l'équation les plans tangents

$$Z - \gamma = 0,$$
$$\alpha Z - \gamma X = 0.$$

2. *On donne un plan parallèle au plan des xy; dans ce plan, une circonférence ayant son centre sur l'axe des z; on demande l'équation du cône qui a cette circonférence pour directrice et l'origine comme sommet.*

(*École Centrale.* — Examen oral; juillet 1886.)

Soient

$$(1) \qquad \begin{cases} x^2 + y^2 - a^2 = 0, \\ z = h, \end{cases}$$

les équations du cercle donné.

Une génératrice quelconque du cône a pour équations

$$(2) \qquad x = \mu X, \qquad y = \mu Y, \qquad z = \mu Z,$$

en appelant μ la valeur du rapport $\frac{\lambda}{1+\lambda}$ qui paraît dans les équations générales.

Un point de la génératrice (2) doit se trouver sur la directrice ; on doit donc avoir

$$(3) \qquad \begin{cases} \mu^2 (X^2 + Y^2) - a^2 = 0, \\ \mu Z = h. \end{cases}$$

L'élimination de μ entre ces deux équations donne l'équation de la surface

$$(4) \qquad h^2 (x^2 + y^2) - a^2 z^2 = 0.$$

Remarque. — Les équations (2) montrent que, les coordonnées d'un point de la directrice étant X, Y, Z, celles d'un point quelconque de la surface situé sur la même génératrice sont données par $x = \mu X$, ... ; la surface conique est donc le lieu des courbes homothétiques à la directrice donnée, le centre d'homothétie étant placé au sommet du cône.

Cette remarque est générale pour les surfaces coniques.

3. *On donne dans le plan des xy un cercle de rayon a tangent aux deux axes de coordonnées; écrire l'équation du cône ayant cette courbe comme directrice et un point de l'axe Oz comme sommet.*

(*École Polytechnique.* — Examen oral; admissibilité. 1886.)

Les équations de la directrice donnée sont

$$z = 0,$$
$$(x-a)^2 + (y-a)^2 - a^2 = 0;$$

soit γ la cote du sommet du cône; les équations d'une droite quelconque passant par ce point sont

$$x = \frac{\lambda X}{1+\lambda}, \qquad y = \frac{\lambda Y}{1+\lambda}, \qquad z = \frac{\gamma + \lambda Z}{1+\lambda}.$$

Le point (X, Y, Z) doit être tel qu'un point de cette génératrice appartienne à la directrice donnée, c'est-à-dire que les équations

$$\gamma + \lambda Z = 0,$$
$$[\lambda X - a(1+\lambda)]^2 + [\lambda Y - a(1+\lambda)]^2 - a^2(1+\lambda)^2 = 0$$

doivent avoir une racine commune en λ; l'équation de la surface conique est dès lors

$$[\gamma x + a(z-\gamma)]^2 + [\gamma y + a(z-\gamma)]^2 - a^2(z-\gamma)^2 = 0.$$

Les plans mis en évidence dans cette équation sont

$$P = \gamma x + a(z-\gamma) = 0,$$
$$Q = \gamma y + a(z-\gamma) = 0,$$
$$R = z - \gamma = 0.$$

4. *Déterminer les projections de la courbe de contact d'un cône de sommet donné circonscrit à une sphère de rayon donné, sur les plans de coordonnées.*

(*École Centrale.* — Examen oral; juillet 1886.)

Soient

$$(1) \qquad (x-a)^2 + (y-b)^2 + (z-c)^2 - R^2 = 0$$

l'équation de la sphère donnée, S $(\alpha, \beta, \gamma,)$ le sommet du cône.

L'équation de la surface conique s'obtiendra en exprimant

que l'équation en λ, obtenue en cherchant l'intersection de la droite dont les équations sont

$$(2) \qquad x = \frac{\alpha + \lambda X}{1 + \lambda}, \qquad y = \frac{\beta + \lambda Y}{1 + \lambda}, \qquad z = \frac{\gamma + \lambda Z}{1 + \lambda},$$

avec la sphère, a une racine double. On obtient ainsi

$$(3) \qquad \begin{aligned} &[(\alpha - a)^2 + (\beta - b)^2 + (\gamma - c)^2 - R^2] \\ &\times [(x - a)^2 + (y - b)^2 + (z - c)^2 - R^2] \\ &\quad - [(\alpha - a)(x - a) + (\beta - b)(y - b) \\ &\qquad + (\gamma - c)(z - c) - R^2]^2 = 0. \end{aligned}$$

Cette équation met en évidence le plan de la courbe de contact

$$(4) \qquad \begin{aligned} &(\alpha - a)(x - a) + (\beta - b)(y - b) \\ &\qquad + (\gamma - c)(z - c) - R^2 = 0. \end{aligned}$$

La courbe dont on demande la projection est donc définie par les équations

$$(5) \qquad \left\{ \begin{aligned} &(x - a)^2 + (y - b)^2 + (z - c)^2 - R^2 = 0, \\ &(\alpha - a)(x - a) + (\beta - b)(y - b) \\ &\qquad + (\gamma - c)(z - c) - R^2 = 0. \end{aligned} \right.$$

L'équation de la projection de cette courbe sur le plan des xy s'obtiendra en exprimant que ces équations sont satisfaites pour une même valeur de z, c'est-à-dire en éliminant entre elles la variable z ; la dernière équation donne

$$(6) \qquad (z - c) = - \frac{(\alpha - a)(x - a) + (\beta - b)(y - b) - R^2}{\gamma - c};$$

en portant cette valeur dans le premier membre de l'équation de la sphère, il vient

$$(7) \qquad \begin{aligned} &(x - a)^2 + (y - b)^2 - R^2 \\ &\qquad + \left[\frac{(\alpha - a)(x - a) + (\beta - b)(y - b) - R^2}{\gamma - c} \right]^2 = 0, \end{aligned}$$

équation d'une conique bitangente au cercle

$$(x-a)^2+(y-b)^2-R^2=0$$

à sa rencontre avec la droite dont l'équation est

$$(\alpha-a)(x-a)+(\beta-b)(y-b)-R^2=0.$$

5. *On donne trois axes rectangulaires et deux droites fixes* D, D′ *se coupant en* M; *on demande le lieu décrit par une droite passant en* M *et se déplaçant de telle sorte que le produit des cosinus des angles qu'elle fait avec les droites* D *et* D′ *ait une valeur constante donnée.*

(*École Centrale.* — Examen oral; octobre 1886.)

Soient

$$(1)\qquad \frac{x-a}{\cos\alpha}=\frac{y-b}{\cos\beta}=\frac{z-c}{\cos\gamma},$$

$$(2)\qquad \frac{x-a}{\cos\alpha'}=\frac{y-b}{\cos\beta'}=\frac{z-c}{\cos\gamma'}$$

les équations des droites D et D′, a, b, c étant les coordonnées du point M.

Les équations d'une droite quelconque passant par ce point sont

$$(3)\qquad \frac{x-a}{\lambda}=\frac{y-b}{\mu}=\frac{z-c}{\nu}.$$

L'angle des droites (1) et (3) est donné par la formule

$$\cos V=\frac{\lambda\cos\alpha+\mu\cos\beta+\nu\cos\gamma}{(\lambda^2+\mu^2+\nu^2)^{\frac{1}{2}}};$$

de même, l'angle des droites (2) et (3) est donné par

$$\cos V'=\frac{\lambda\cos\alpha'+\mu\cos\beta'+\nu\cos\gamma'}{(\lambda^2+\mu^2+\nu^2)^{\frac{1}{2}}}.$$

D'après l'énoncé, on doit avoir

$$\cos V \cos V' = k,$$

k étant la constante donnée ; on conclut

$$(4)\quad (\lambda\cos\alpha + \mu\cos\beta + \nu\cos\gamma)(\lambda\cos\alpha' + \mu\cos\beta' + \nu\cos\gamma') - k(\lambda^2 + \mu^2 + \nu^2) = 0.$$

L'équation de la surface-lieu s'obtiendra en remplacant λ, μ, ν dans cette dernière équation par leurs valeurs proportionnelles $(x-a)$, $(y-b)$, $(z-c)$.

On obtient ainsi

$$(5)\quad \begin{aligned} &[(x-a)\cos\alpha + (y-b)\cos\beta + (z-c)\cos\gamma] \\ &\times[(x-a)\cos\alpha' + (y-b)\cos\beta' + (z-c)\cos\gamma'] \\ &- k[(x-a)^2 + (y-b)^2 + (z-c)^2] = 0, \end{aligned}$$

équation d'un cône du second ordre ayant son sommet au point M.

6. *Exprimer que deux droites données ensemble sont rectangulaires.*

(*École Polytechnique.* — Examen oral ; admission. 1886.)

On peut définir un système de deux droites concourantes par l'intersection d'un cône du second ordre et d'un plan passant au sommet.

Plaçons l'origine en ce point : les droites sont alors définies par les équations

$$(1)\quad \begin{cases} Ax^2 + A'y^2 + A''z^2 + 2Byz + 2B'zx + 2B''xy = 0, \\ lx + my + nz = 0. \end{cases}$$

Ces droites seront rectangulaires si le cône qui les contient et qui passe par la normale à leur plan est triorthogonal ; or l'équation d'un cône contenant les deux droites données est

$$(2)\qquad C(x,y,z)+(lx+my+nz)(\alpha x+\beta y+\gamma z)=0,$$

en posant

$$(3)\qquad C(x,y,z)=Ax^2+A'y^2+\ldots+2B''xy.$$

Ce cône contient la normale au plan donné

$$\frac{x}{l}=\frac{y}{m}=\frac{z}{n}$$

si l'on a

$$(4)\qquad C(l,m,n)+(l^2+m^2+n^2)(\alpha l+\beta m+\gamma n)=0;$$

il est triorthogonal si l'on a

$$(5)\qquad A+A'+A''+\alpha l+\beta m+\gamma n=0.$$

La condition (4) devient donc

$$(6)\qquad C(l,m,n)-(A+A'+A'')(l^2+m^2+n^2)=0;$$

c'est la condition nécessaire et suffisante pour que les droites (1) soient rectangulaires.

Remarques. — (*a*) Dans la pratique on peut simplifier cette condition : on peut, par un choix convenable des axes, écrire l'équation du cône de telle sorte que

$$B=B'=B''=0;$$

la condition (6) devient alors

$$(7)\qquad Al^2+A'm^2+A''n^2-(A+A'+A'')(l^2+m^2+n^2)=0,$$

c'est-à-dire

$$(8)\qquad (A'+A'')l^2+(A''+A)m^2+(A+A')n^2=0.$$

(*b*) Les quantités l, m, n sont proportionnelles aux coordonnées x, y, z d'un point quelconque de la normale au plan $lx + my + nz = 0$; le cône-lieu des normales aux plans $lx + my + nz = 0$ coupant le cône donné $C(x, y, z) = 0$ suivant deux droites rectangulaires a donc pour équation

$$(9)\qquad (A' + A'')x^2 + (A + A'')y^2 + (A + A')z^2 = 0.$$

Si le premier cône donné est triorthogonal, on a

$$A + A' + A'' = 0;$$

le cône (9) est donc identique au cône donné.

(*c*) Si le plan des deux droites est fixe

$$lx + my + nz = 0$$

et qu'on demande de définir un ensemble de deux droites rectangulaires situées dans ce plan, on opérera ainsi : soit

$$\lambda x^2 + \mu y^2 + \nu z^2 = 0$$

l'équation d'un cône ayant son sommet à l'origine; la condition (8), qui s'écrit ici

$$(10)\qquad (\mu + \nu)l^2 + (\lambda + \nu)m^2 + (\lambda + \mu)n^2 = 0,$$

est la relation qui doit exister entre les paramètres λ, μ, ν pour que le système des droites

$$lx + my + nz = 0, \qquad \lambda x^2 + \mu y^2 + \nu z^2 = 0$$

soit rectangulaire.

(*Voir* Chap. I, p. 14).

7. *On donne la surface dont l'équation est*

$$(1)\qquad xy - z^2 = 0;$$

à quelle condition doit satisfaire un plan passant par l'origine pour couper cette surface suivant deux droites rectangulaires?

(*École Polytechnique.* — Examen oral; admissibilité. 1886.)

Cette question est une application immédiate de la précédente.

Soit

$$(2) \qquad \lambda x + \mu y + \nu z = 0$$

un plan quelconque passant par l'origine.

L'équation générale des cônes contenant les droites communes aux surfaces (1) et (2) est

$$(3) \qquad xy - z^2 + (\lambda x + \mu y + \nu z)(\alpha x + \beta y + \gamma z) = 0.$$

Ce cône doit : 1° contenir la normale au plan (2), ce qui donne la condition

$$(4) \qquad \lambda\mu - \nu^2 + (\lambda^2 + \mu^2 + \nu^2)(\alpha\lambda + \beta\mu + \gamma\nu) = 0;$$

2° Être triorthogonal, ce qui exige

$$(5) \qquad \alpha\lambda + \beta\mu + \gamma\nu - 1 = 0.$$

On a donc finalement comme condition nécessaire et suffisante

$$(6) \qquad \lambda\mu - \nu^2 + (\lambda^2 + \mu^2 + \nu^2) = 0,$$

c'est-à-dire

$$(7) \qquad \lambda^2 + \mu^2 + \lambda\mu = 0.$$

Les équations de l'un des systèmes des droites de l'énoncé sont donc

$$xy - z^2 = 0,$$
$$\lambda x + \mu y + \nu z = 0,$$

avec la condition (7)

$$\lambda^2 + \mu^2 + \lambda\mu = 0.$$

8. *Équation du cône ayant pour sommet un point donné et pour directrice une courbe donnée par les coordonnées de l'un quelconque de ses points.*

Soient S (α, β, γ) le sommet donné,

$$(1) \qquad x = f(t), \qquad y = \varphi(t), \qquad z = \psi(t)$$

les équations de la directrice donnée.

Les coordonnées d'un point quelconque d'une droite issue du point S sont données par les formules

$$(2)\qquad \left\{\begin{aligned} \xi &= \frac{\alpha + \lambda x}{1 + \lambda}, \\ \eta &= \frac{\beta + \lambda y}{1 + \lambda}, \\ \zeta &= \frac{\gamma + \lambda z}{1 + \lambda}; \end{aligned}\right.$$

x, y, z seront les coordonnées d'un point quelconque de la surface conique étudiée si un système de valeurs de ξ, η, ζ vérifie les équations de la directrice.

Le système

$$(3)\qquad \left\{\begin{aligned} \alpha + \lambda x &= (1 + \lambda) f(t), \\ \beta + \lambda y &= (1 + \lambda) \varphi(t), \\ \gamma + \lambda z &= (1 + \lambda) \psi(t), \end{aligned}\right.$$

doit donc être vérifié par les mêmes valeurs de λ et de t; l'équation de la surface conique est le *résultant* de ce système.

III. — Surfaces conoïdes.

Rappel de résultats.

Définition. — Une surface conoïde est engendrée par une droite qui reste parallèle à un plan fixe appelé *plan directeur*, qui s'appuie sur une droite fixe appelée *axe* et qui s'appuie en outre sur une courbe fixe appelée *directrice*, ou reste tangente à une surface fixe.

(a) Soient $R = 0$ l'équation du plan directeur d'un conoïde,

$$P = 0, \qquad Q = 0$$

les équations de l'axe; l'équation générale des conoïdes admettant ces éléments est

$$F\left(\frac{P}{Q}, R\right) = 0$$

ou

$$\varphi(P, Q, R) = 0,$$

φ désignant une fonction homogène par rapport aux lettres P et Q.

(*b*) Soient

$$(1) \qquad \alpha x + \beta y + \gamma z = 0$$

l'équation du plan directeur,

$$lx + my + nz + p = 0,$$
$$l'x + m'y + n'z + p' = 0$$

les équations de l'axe d'un conoïde,

$$f(x, y, z) = 0,$$
$$\varphi(x, y, z) = 0,$$

les équations d'une directrice donnée.

Les équations d'une génératrice quelconque sont

$$\alpha x + \beta y + \gamma z = \lambda,$$
$$lx + my + nz + p - \mu(l'x + m'y + n'z + p') = 0.$$

En éliminant x, y, z entre ces équations et celles de la directrice, on obtient la relation

$$F(\lambda, \mu) = 0$$

qui doit exister entre les paramètres λ et μ pour qu'un point de la génératrice appartienne à la directrice. Cette relation obtenue, il suffit d'y remplacer λ par

$$\alpha x + \beta y + \gamma z$$

et μ par

$$\frac{lx + my + nz}{l'x + m'y + n'z}$$

pour en déduire l'équation de la surface.

(*c*) Les notations étant les mêmes, soit

$$(1) \qquad f(x, y, z) = 0$$

l'équation d'une surface à laquelle la génératrice doit rester tangente.

Les équations d'une génératrice quelconque sont

$$(2)\quad \begin{cases} \alpha x + \beta y + \gamma z - \lambda = 0, \\ lx + my + nz + p - \mu(l'x + m'y + n'z + p') = 0. \end{cases}$$

On sait mettre ces équations sous la forme

$$\frac{x - x_1}{a} = \frac{y - y_1}{b} = \frac{z - z_1}{c},$$

x_1 y_1 z_1, a, b, c étant des fonctions de λ et de μ; en formant l'équation

$$f(x_1 + ar, y_1 + br, z_1 + cr) = 0$$

et en exprimant que cette équation, ordonnée par rapport à r a une racine double, on obtient la relation qui doit exister en λ et μ pour que la génératrice (2) appartienne à la surface. Il suffit, pour obtenir l'équation de la surface, de remplacer λ et μ, dans la relation $F(\lambda, \mu) = 0$, par

$$\alpha x + \beta y + \gamma z, \qquad \frac{lx + my + nz + p}{l'x + m'y + n'z + p'}.$$

1. *Equation du conoïde ayant pour plan directeur le plan des xy, comme axe l'axe des z et pour directrice une circonférence dont le plan est parallèle au plan zOy et dont le centre est sur Ox* (COIN DE WALLIS).

Les équations de la directrice sont, par exemple,

$$D \begin{cases} x - d = 0, \\ y^2 + z^2 - R^2 = 0; \end{cases}$$

celles d'une génératrice quelconque sont, de même,

$$\begin{aligned} y - \lambda x &= 0, \\ z - \mu &= 0; \end{aligned}$$

cette droite doit rencontrer la directrice D; les équations

$$\begin{aligned} y - \lambda x &= 0, \qquad & x - d &= 0, \\ z - \mu &= 0, \qquad & y^2 + z^2 - R^2 &= 0, \end{aligned}$$

ont donc une solution commune en x, y, z, c'est-à-dire qu'on a

$$\lambda^2 d^2 + \mu^2 - R^2 = 0.$$

L'équation de la surface s'écrit donc

$$\frac{y^2}{x^2} + \frac{z^2}{d^2} - \frac{R^2}{d^2} = 0.$$

Toutes les sections parallèles au plan yOz sont des ellipses dont l'axe vertical a une longueur constante et dont le centre est sur Ox.

2. *Équation du conoïde ayant ses génératrices tangentes à une sphère et pour plan directeur un plan perpendiculaire à l'axe.*

Prenons le plan parallèle au plan directeur, mené par le centre de la sphère, comme plan des xy; prenons l'axe du conoïde comme axe des z, et le plan passant par Oz et le centre de la sphère comme plan des zOx.

L'équation de la sphère est alors

$$(x-a)^2 + y^2 + z^2 - R^2 = 0. \tag{1}$$

Les équations d'une droite quelconque parallèle au plan xOy et s'appuyant sur Oz sont

$$\left\{\begin{aligned} y - \lambda x &= 0, \\ z - \mu &= 0; \end{aligned}\right. \tag{2}$$

cette droite sera une génératrice de la surface si sa projection sur le plan des xy est tangente à la projection sur le même plan de la section de la sphère (1) par le plan $z - \mu = 0$.

Or, les équations de cette dernière projection sont

$$\left\{\begin{aligned} &z = 0, \\ &(x-a)^2 + y^2 + \mu^2 - R^2 = 0; \end{aligned}\right. \tag{3}$$

la droite dont l'équation est $y - \lambda x = 0$ sera tangente à ce cercle si l'on a

$$\frac{\lambda^2 a^2}{1+\lambda^2} = R^2 - \mu^2. \tag{4}$$

L'équation du conoïde s'écrit alors

$$a^2 \frac{y^2}{x^2} = \left(1 + \frac{y^2}{x^2}\right)\left(R^2 - z^2\right), \tag{5}$$

c'est-à-dire

$$a^2(x^2+y^2)(R^2-z^2) - a^2 y^2 = 0. \tag{6}$$

3. *On considère un cylindre de révolution dont l'axe est* Oz; *on demande* 1° *les équations d'une hélice tracée sur ce cylindre,* — 2° *l'équation du conoïde ayant pour axe l'axe du cylindre, pour plan directeur le plan des* xy *et l'hélice pour directrice.*

(*École Centrale.* — Examen oral; juillet 1886.)

Soit

$$x^2 + y^2 - a^2 = 0 \tag{1}$$

l'équation du cylindre donnée; les coordonnées d'un point de la surface appartenant à une hélice sont

$$x = a\cos\varphi, \qquad y = a\sin\varphi, \qquad z = k\varphi, \tag{2}$$

en appelant φ l'angle du plan passant par la génératrice du cylindre et l'axe Oz avec le plan zOx.

Une génératrice quelconque du conoïde est définie par

$$z = \lambda, \qquad y = \mu x; \tag{3}$$

ces équations doivent être vérifiées par les valeurs (1); on a donc

$$k\varphi = \lambda, \qquad \sin\varphi = \mu\cos\varphi \tag{4}$$

ou, en éliminant φ,

(5) $$\frac{\lambda}{k} = \text{arc tang } \mu.$$

L'équation du conoïde est donc finalement

$$z = k \text{ arc tang} \frac{y}{x}.$$

4. *Équation d'un conoïde dont on donne le plan directeur, l'axe et une directrice définie par les coordonnées de l'un quelconque de ses points.*

Soient

$$D = 0$$

l'équation du plan directeur,

$$P = 0, \qquad Q = 0$$

les équations de l'axe,

$$x = f(t), \qquad y = \varphi(t), \qquad z = \psi(t)$$

celles de la directrice.

Une génératrice quelconque est définie par les équations

$$D + \lambda = 0, \qquad P + \mu Q = 0.$$

Les valeurs de x, y, z tirées de ces équations doivent satisfaire aux équations de la directrice.

L'équation caractéristique du conoïde $F(\lambda, \mu) = 0$ s'obtiendra donc en éliminant x, y, z, t entre les équations

$$\left\{\begin{aligned} x &= f(t), \\ y &= \varphi(t), \\ z &= \psi(t), \end{aligned}\right. \qquad \left\{\begin{aligned} D + \lambda &= 0, \\ P + \mu Q &= 0. \end{aligned}\right.$$

Dans le résultant de ce système,

$$F(\lambda, \mu) = 0,$$

il suffira de remplacer λ et μ respectivement par $-D$ et $-\frac{P}{Q}$ pour obtenir l'équation de la surface demandée.

IV. — Surfaces de révolution.

Rappel de résultats.

Définition. — Une surface de révolution est le lieu des positions d'un cercle de rayon variable suivant une loi donnée et dont le plan reste perpendiculaire à une droite fixe sur laquelle se trouve constamment le centre du cercle. Celui-ci s'appelle un *parallèle.*

On peut donner la loi de variation du rayon du cercle :

1° Par une relation analytique entre la longueur du rayon et la position du centre du cercle sur l'axe de la surface ;

2° Par une courbe directrice sur laquelle le parallèle doit constamment s'appuyer.

Quand cette directrice est plane et que son plan contient l'axe, on lui donne le nom de *méridienne.*

(a) Soient $S = 0$ l'équation d'une sphère de centre fixe, $P = 0$ l'équation d'un plan fixe.

$F(S, P) = 0$ est l'équation générale des surfaces de révolution dont l'axe est la perpendiculaire abaissée du centre de la sphère $S = 0$ sur le plan $P = 0$.

(b) Soient (a, b, c) un point de l'axe d'une surface de révolution,

$$\alpha x + \beta y + \gamma z = 0$$

l'équation d'un plan perpendiculaire à cet axe,

$$f(x, y, z) = 0, \qquad \varphi(x, y, z) = 0$$

les équations d'une directrice.

Si l'on pose

$$(1) \qquad \begin{cases} (x-a)^2 + (y-b)^2 + (z-c)^2 = \lambda, \\ \alpha x + \beta y + \gamma z = \mu \end{cases}$$

et qu'on élimine x, y, z entre ces équations et celles de la directrice, on obtient la relation

$$F(\lambda, \mu) = 0$$

qui doit exister entre λ et μ pour qu'un point du parallèle (1) appartienne à la directrice donnée. En remplaçant λ et μ par les fonctions

$$(x-a)^2 + (y-b)^2 + (z-c)^2, \qquad \alpha x + \beta y + \gamma z,$$

on obtient l'équation de la surface.

(*c*) Si l'axe de la surface est pris comme axe des z et qu'on donne dans le plan des zx une courbe méridienne ayant pour équation

$$F(x, z) = 0,$$

l'équation de la surface de révolution ainsi définie est

$$F(\sqrt{x^2 + y^2}, z) = 0.$$

(*d*) Soit

$$Ax^2 + A'y^2 + A''z^2 + 2Byz + 2B'zx + 2B''xy + \ldots = 0,$$

l'équation d'une surface du second ordre.

1° Cette surface est de révolution si, B B' B'' étant différents de o, on a

$$A - \frac{B'B''}{B} = A' - \frac{B''B}{B'} = A'' - \frac{BB'}{B''};$$

l'axe est alors perpendiculaire au plan

$$\frac{x}{B} + \frac{y}{B'} + \frac{z}{B''} = 0.$$

2° Si *un seul* des coefficients des rectangles est nul, la surface ne peut pas être de révolution.

3° Supposons deux rectangles nuls :

Si

$$B \lesseqgtr 0, \qquad B' = 0, \qquad B'' = 0,$$

on doit avoir, pour que la surface soit de révolution,

$$(A' - A)(A'' - A) - B^2 = 0.$$

Si

$$B = 0, \qquad B' \lesseqgtr 0, \qquad B'' = 0,$$

on doit avoir

$$(A - A')(A'' - A') - B'^2 = 0.$$

Si

$$B = 0, \qquad B' = 0, \qquad B'' \lesseqgtr 0,$$

on doit avoir

$$(A - A'')(A' - A'') - B''^2 = 0.$$

4° Si les trois rectangles sont nuls, on doit avoir, pour que la surface soit de révolution,

$$A = A', \quad \text{ou} \quad A = A'', \quad \text{ou} \quad A' = A''$$

(*e*) Quand on a reconnu qu'une surface du second ordre est de révolution et qu'on veut obtenir les équations de l'axe de cette surface, il y a lieu de distinguer les cas suivants :

1° $BB'B'' \gtrless 0$. Soit

$$h = A - \frac{B'B''}{B} = A' - \frac{B''B}{B'} = A'' - \frac{BB'}{B''}.$$

Les équations de l'axe sont

$$B\left(x + \frac{C}{h}\right) = B'\left(y + \frac{C'}{h}\right) = B''\left(z + \frac{C''}{h}\right).$$

2° $\quad B' = 0, \quad B'' = 0, \quad B^2 - (A - A')(A - A'') = 0.$

Les équations de l'axe sont

$$Ax + C = 0,$$

$$B(Ay + C') = (A' - A)(Az + C'').$$

3° $\quad B = 0, B' = 0, B'' = 0, \quad A' - A'' = 0.$

Les équations de l'axe sont

$$A'y + C' = 0, \qquad A'z + C'' = 0.$$

1. *Équation d'une surface de révolution dont on donne l'axe et une directrice définie par les coordonnées de l'un quelconque de ses points.*

Soient (a, b, c) un point de l'axe donné, (α, β, γ) ses cosinus directeurs,

$$(1) \qquad x = f(t), \qquad y = \varphi(t), \qquad z = \psi(t)$$

les équations de la directrice.

Un parallèle quelconque a pour équations

$$(2) \qquad \begin{cases} \alpha x + \beta y + \gamma z = \lambda, \\ (x-a)^2 + (y-b)^2 + (z-c)^2 = \mu. \end{cases}$$

Ce cercle s'appuiera sur la directrice donnée si pour une certaine valeur de t les équations (1) fournissent une solution du système (2); les équations

$$(3)\quad \begin{cases} \alpha f(t) + \beta\varphi(t) + \gamma\psi(t) = \lambda, \\ [f(t) - a]^2 + [\varphi(t) - b]^2 + [\psi(t) - c]^2 = \mu \end{cases}$$

doivent donc avoir une racine commune en t.

Le résultant du système

$$F(\lambda, \mu) = 0$$

donne la relation caractéristique de la surface de révolution dont on s'occupe.

Il suffit d'y remplacer λ et μ par les fonctions

$$\alpha x + \beta y + \gamma z, \qquad (x - a)^2 + (y - b)^2 + (z - c)^2$$

pour obtenir l'équation de la surface.

2. *On donne trois axes rectangulaires* Ox, Oy, Oz; *on considère la bissectrice de l'angle* xOy: *on demande l'équation du cône engendré par l'axe* Ox *tournant autour de cette droite.*

(*École Polytechnique.* — Examen oral; admissibilité. 1887.)

La surface de révolution dont il s'agit est engendrée par un cercle dont le plan est perpendiculaire à la droite

$$x - y = 0, \qquad z = 0,$$

dont le centre est sur cette droite et qui s'appuie constamment sur l'axe Ox dont les équations sont

$$z = 0, \qquad y = 0.$$

Les équations d'un cercle quelconque ayant pour axe la droite

$$x - y = 0, \qquad z = 0$$

sont

$$x^2 + y^2 + z^2 = \lambda,$$
$$x + y = \mu;$$

λ et μ doivent être tels que ces équations soient vérifiées quand on y fait simultanément

$$z = 0, \qquad y = 0.$$

On a donc

$$x^2 = \lambda, \qquad x = \mu;$$

on conclut

$$\mu^2 - \lambda = 0.$$

L'équation du cône est dès lors

$$(x + y)^2 - (x^2 + y^2 + z^2) = 0,$$

c'est-à-dire

$$z^2 - 2xy = 0.$$

3. *On donne la droite*

$$x = y = z$$

et dans le plan des xy, *la droite*

$$x - y = a;$$

trouver l'équation de l'hyperboloide de révolution engendré par la rotation de la seconde droite autour de la première.

(*École Polytechnique.* — Examen oral; admissibilité. 1887.)

Les équations d'un parallèle quelconque d'une surface de révolution ayant pour axe la droite

$$x = y = z$$

sont

$$(1) \qquad x^2 + y^2 + z^2 = \lambda,$$

$$(2) \qquad x + y + z = \mu.$$

Un système de valeurs de x, y, z doit satisfaire aux équations de la génératrice donnée

$$(3) \qquad z = 0,$$

$$(4) \qquad x - y = a.$$

On obtient la relation qui doit exister entre λ et μ en éliminant x, y, z entre ces quatre équations. On a

$$x + y = \mu, \qquad x - y = a;$$

d'où

$$x = \frac{\mu + a}{2}, \qquad y = \frac{\mu - a}{2};$$

portant ces valeurs dans

$$x^2 + y^2 = \lambda,$$

il vient

$$(5) \qquad \mu^2 + a^2 - 2\lambda = 0.$$

L'équation de la surface de l'énoncé est donc

$$(6) \qquad (x + y + z)^2 - 2(x^2 + y^2 + z^2) + a^2 = 0.$$

4. *Lieu des sommets des cônes de révolution circonscrits à un ellipsoïde.*

(*École Polytechnique.* — Examen oral; admission, 1888.)

Soit

$$(1) \qquad \frac{x^2}{a^2} + \frac{y^2}{b^2} + \frac{z^2}{c^2} - 1 = 0$$

l'équation de l'ellipsoïde.

S (α, β, γ) étant un point de l'espace, l'équation du cône ayant ce point comme sommet est

$$(2) \qquad \left(\frac{\alpha^2}{a^2} + \frac{\beta^2}{b^2} + \frac{\gamma^2}{c^2} - 1\right)\left(\frac{x^2}{a^2} + \frac{y^2}{b^2} + \frac{z^2}{c^2} - 1\right) - \left(\frac{\alpha x}{a^2} + \frac{\beta y}{b^2} + \frac{\gamma z}{c^2} - 1\right)^2 = 0.$$

Posons

$$E = \left(\frac{\alpha^2}{a^2} + \frac{\beta^2}{b^2} + \frac{\gamma^2}{c^2} - 1\right).$$

Pour que ce cône soit de révolution, il faut que l'on ait :

1° Si : $BB'B'' \gtrless 0$

$$A - \frac{B'B''}{B} = A' - \frac{BB''}{B'} = A'' - \frac{BB'}{B''};$$

or

$$B = -\frac{\beta\gamma}{b^2c^2}; \qquad B' = -\frac{\alpha\gamma}{a^2c^2}; \qquad B'' = -\frac{\alpha\beta}{a^2b^2};$$

$$BB'B'' = -\frac{\alpha^2\beta^2\gamma^2}{a^4b^4c^4},$$

$$\frac{BB'B''}{B^2} = -\frac{\alpha^2}{a^4}; \qquad \frac{BB'B''}{B'^2} = -\frac{\beta^2}{b^4}; \qquad \frac{BB'B''}{B''^2} = -\frac{\gamma^2}{c^4};$$

par suite

$$A - \frac{B'B''}{B} = \frac{1}{a^2}\left(\frac{\alpha^2}{a^2} + \frac{\beta^2}{b^2} + \frac{\gamma^2}{c^2} - 1\right) - \frac{\alpha^2}{a^4} + \frac{\alpha^2}{a^4} = \frac{E}{a^2};$$

on doit donc avoir finalement

$$\frac{E}{a^2} = \frac{E}{b^2} = \frac{E}{c^2},$$

ce qui exige

$$E = \frac{\alpha^2}{a^2} + \frac{\beta^2}{b^2} + \frac{\gamma^2}{c^2} - 1 = 0.$$

Le lieu du sommet S est l'ellipsoïde lui-même. Dans ce cas, le cône circonscrit est réduit au double plan tangent mené par le point pris comme sommet.

2° $\alpha = 0$, ou $\beta = 0$, ou $\gamma = 0$ entraîne l'égalité à zéro de deux rectangles. En appliquant les formules

$$(A' - A)(A'' - A) - B^2 = 0,$$

. . . .

on trouve :

Si $\alpha = 0$, $E = 0$, solution discutée plus haut et

$$\frac{\beta^2}{b^2 - a^2} + \frac{\gamma^2}{c^2 - a^2} - 1 = 0,$$

ellipse imaginaire, si l'on suppose, ce que l'on est toujours en droit de faire,

$$a > b > c;$$

Si $\beta = 0$, $E = 0$ et

$$\frac{\gamma^2}{c^2 - b^2} + \frac{\alpha^2}{a^2 - b^2} - 1 = 0,$$

hyperbole ;

Si $\gamma = 0$, on obtient, outre $E = 0$,

$$\frac{\alpha^2}{a^2 - c^2} + \frac{\beta^2}{b^2 - c^2} - 1 = 0,$$

ellipse réelle.

Ces coniques sont les *focales* de l'ellipsoïde.

Remarques. — (a) Si nous supposons que l'ellipsoïde s'aplatisse sur le plan des xy, c'est-à-dire que c tende vers o, les lieux que nous venons d'obtenir deviennent

$$\beta = 0, \qquad \frac{\alpha^2}{a^2 - b^2} - \frac{\gamma^2}{b^2} - 1 = 0,$$

$$\gamma = 0, \qquad \frac{\alpha^2}{a^2} + \frac{\beta^2}{b^2} - 1 = 0,$$

ce qui montre que le lieu des sommets des cônes de révolution contenant la conique

$$\begin{cases} z = 0, \\ \dfrac{x^2}{a^2} + \dfrac{y^2}{b^2} - 1 = 0 \end{cases}$$

se compose :

1° De la conique elle-même;

2° De l'hyperbole

$$\begin{cases} \beta = 0, \\ \dfrac{\alpha^2}{a^2 - b^2} - \dfrac{\gamma^2}{b^2} - 1 = 0. \end{cases}$$

(b) Étudions l'hyperbole trouvée dans les cas où $\beta = 0$, c'est-à-dire lorsque le sommet du cône se meut dans le plan zOx. Elle a son centre et un axe communs avec la section de la surface par le plan xOy. Les sommets de l'hyperbole sont les foyers de cette section et réciproquement, etc. On peut l'engendrer de la manière suivante :

Soient A, A′ les sommets de l'ellipse, F son foyer; on mène un cercle quelconque tangent à AA′ au point F et l'on mène les tangentes par les points A et A′. Soient P, P′ les points de contact, M le point de rencontre des tangentes.

On a

$$MA' = A'F + MP',$$
$$MA = AF + MP'.$$

Donc

$$MA' - MA = FA' - FA.$$

M est un point de l'hyperbole ayant les points A, A′ comme foyer et dont les sommets sont F et F′.

Nota. — Les considérations qui précèdent permettent de résoudre la question suivante posée dans les mêmes conditions que celles que nous venons de traiter.

Trouver l'équation d'un cône de révolution de sommet

donné et contenant une conique donnée; à quelle condition doivent satisfaire les coordonnées du sommet?

Lieu des sommets des cônes de révolution contenant l'ellipse

$$\begin{cases} z = 0, \\ \dfrac{x^2}{a^2} + \dfrac{y^2}{b^2} - 1 = 0 \end{cases}$$

(*École Polytechnique.* — Examen oral; admission. 1888.)

5. *Lieu des axes des surfaces de révolution représentées par l'équation*

$$x^2 + \lambda y^2 + 2z^2 + 2\mu zx - 2\lambda x + 1 = 0.$$

Ces surfaces seront de révolution si l'on a

(a) μ étant supposé non nul,

(1) $$(\lambda - 1) - \mu^2 = 0.$$

Les équations de l'axe sont alors

(2) $$\begin{cases} x - \lambda = 0, \\ \mu y - (\lambda - 1) z = 0, \end{cases}$$

obtenues par l'application des formules rappelées plus haut.

On tire du système (2)

$$\lambda = x,$$

$$\mu = \frac{(x-1)z}{y};$$

portant ces valeurs dans l'équation (1), il vient

(3) $$1 - x + z^2\left(\frac{x-1}{y}\right)^2 = 0,$$

c'est-à-dire

$$y^2(1-x) + z^2(x-1)^2 = 0$$

qui se décompose en

$$x - 1 = 0$$

et

$$z^2(x-1) - y^2 = 0.$$

(b) Supposons maintenant $\mu = 0$; la surface sera de révolution dans l'une des hypothèses suivantes :

$$\lambda = 2, \qquad \lambda = 1.$$

Dans la première hypothèse, on a comme équations de l'axe

$$y = 0, \qquad z = 0;$$

l'axe de révolution est l'axe Ox, etc.

6. *Les droites* A′OA, B′OB, C′OC *sont trois axes de coordonnées rectangulaires; on suppose* $OA' = OA = a$, $OB' = OB = b$, $OC' = OC = c$, *déterminer* :

1° *Le lieu des axes de révolution des surfaces de révolution du second ordre qui passent par les six points* A, A′, B, B′, C, C′.

(*Concours général* 1878. Partie.)

L'équation générale des surfaces du second ordre passant par les six points donnés est

$$(1) \qquad \frac{x^2}{a^2} + \frac{y^2}{b^2} + \frac{z^2}{c^2} + 2\lambda yz + 2\mu zx + 2\nu xy - 1 = 0$$

en supprimant les cônes ayant leur sommet à l'origine.

(a) Supposons d'abord que l'on ait

$$\lambda\mu\nu \lesseqgtr 0;$$

la surface (1) sera de révolution si l'on a

$$(2) \qquad \frac{1}{a^2} - \frac{\mu\nu}{\lambda} = \frac{1}{b^2} - \frac{\lambda\nu}{\mu} = \frac{1}{c^2} - \frac{\lambda\mu}{\nu} = h;$$

les équations de l'axe seront alors

$$(3)\qquad \lambda x = \mu y = \nu z.$$

Appelons θ la valeur commune de ces trois quantités; il vient

$$(4)\qquad \lambda = \frac{\theta}{x}, \qquad \mu = \frac{\theta}{y}, \qquad \nu = \frac{\theta}{z};$$

les équations (2) donnent alors

$$(5)\qquad \frac{1}{a^2} - \frac{\theta x}{yz} = \frac{1}{b^2} - \frac{\theta y}{zx} = \frac{1}{c^2} - \frac{\theta z}{xz} = h.$$

Le lieu des axes s'obtiendra en éliminant θ et h entre ces trois équations : on peut les écrire

$$(6)\qquad \left\{ \begin{aligned} & h\, yz + \theta x - \frac{yz}{a^2} = 0, \\ & h\, zx + \theta y - \frac{zx}{b^2} = 0, \\ & h\, xy + \theta z - \frac{xy}{c^2} = 0. \end{aligned} \right.$$

L'équation cherchée est donc

$$(7)\qquad \begin{vmatrix} yz & x & -\dfrac{yz}{a^2} \\ zx & y & -\dfrac{xz}{b^2} \\ xy & z & -\dfrac{xy}{c^2} \end{vmatrix} = 0,$$

c'est-à-dire

$$(7)\qquad yz\left(\frac{z^2 x}{b^2} - \frac{xy^2}{c^2}\right) - zx\left(\frac{yz^2}{a^2} - \frac{x^2 y}{c^2}\right) + xy\left(\frac{zy^2}{a^2} - \frac{zx^2}{b^2}\right) = 0$$

ou

$$(8)\qquad xyz = 0,$$

$$(9)\qquad \left(\frac{1}{b^2} - \frac{1}{c^2}\right) x^2 + \left(\frac{1}{c^2} - \frac{1}{a^2}\right) y^2 + \left(\frac{1}{a^2} - \frac{1}{b^2}\right) z^2 = 0.$$

Le lieu se décompose donc en trois plans et un cône tri-orthogonal du second ordre.

(*b*) Supposons

$$\mu = 0, \qquad \nu = 0.$$

L'équation générale devient

$$\frac{x^2}{a^2} + \frac{y^2}{b^2} + \frac{z^2}{c^2} + 2\lambda yz - 1 = 0; \tag{10}$$

la surface qu'elle représente sera de révolution si l'on a

$$\lambda^2 - \left(\frac{1}{a^2} - \frac{1}{b^2}\right)\left(\frac{1}{a^2} - \frac{1}{c^2}\right) = 0. \tag{11}$$

Les équations de l'axe sont alors

$$\frac{x}{a^2} = 0, \tag{12}$$

$$\lambda \frac{y}{a^2} - \left(\frac{1}{b^2} - \frac{1}{a^2}\right)\frac{z}{a^2} = 0, \tag{13}$$

c'est-à-dire

$$x = 0, \tag{14}$$

$$\lambda y - \left(\frac{1}{b^2} - \frac{1}{a^2}\right) z = 0. \tag{15}$$

Chacune des valeurs de λ tirée de l'équation (11) portée dans l'équation (15) donne l'axe de la surface correspondante. Ces deux axes sont situés dans le plan des yz.

On trouverait de même les axes situés dans les deux autres plans de coordonnées.

Quand les trois rectangles sont nuls, on a un ellipsoïde qui n'est pas de révolution tant que les trois longueurs a, b, c sont différentes.

V. — Surfaces réglées.

Rappel de résultats.

Définition. — On appelle surfaces réglées celles qui sont engendrées par le déplacement continu d'une droite.

Toutes les surfaces du second degré sont des surfaces réglées : les génératrices rectilignes sont réelles dans les cônes, cylindres, hyperboloïdes à une nappe, paraboloïdes hyperboliques; imaginaires dans les ellipsoïdes, la sphère, les hyperboloïdes à deux nappes, les paraboloïdes elliptiques.

(a) L'équation des surfaces du second ordre peut se mettre sous la forme

$$PQ = RS,$$

$P = 0$, $Q = 0$, $R = 0$, $S = 0$ étant les équations de quatre plans, réels ou imaginaires suivant la nature de la surface; cette équation met en évidence un double système de génératrices rectilignes.

(b) Soient

$$\begin{cases} P = 0, \\ Q = 0 \end{cases}$$

les équations d'une droite mobile dans l'espace, les coefficients des fonctions P et Q étant variables; la position de cette droite dépend de cinq paramètres; si l'on donne six conditions à remplir par ces paramètres on obtiendra, par leur élimination, l'équation de la surface réglée engendrée par la droite mobile.

1. ***Équation de la surface réglée engendrée par une droite s'appuyant sur une droite donnée et sur deux directrices définies par les coordonnées de l'un quelconque de leurs points.***

Soient

$$D \begin{cases} P = 0, \\ Q = 0 \end{cases}$$

les équations de la droite donnée,

$$\left\{\begin{array}{ll} x=f(t), & x=f_1(\theta), \\ y=\varphi(t), & y=\varphi_1(\theta), \\ z=\psi(t), & z=\psi_1(\theta), \end{array}\right.$$

celles des directrices données.

Les équations d'une droite quelconque rencontrant la droite D sont

$$\xi=\frac{\alpha+\lambda x}{1+\lambda}, \qquad \eta=\frac{\beta+\lambda y}{1+\lambda}, \qquad \zeta=\frac{\gamma+\lambda z}{1+\lambda},$$

α, β, γ satisfaisant aux équations

$$\left\{\begin{array}{l} P(\alpha, \beta, \gamma)=0, \\ Q(\alpha, \beta, \gamma)=0. \end{array}\right.$$

De plus, on doit avoir

$$\begin{array}{ll} \alpha+\lambda x=(1+\lambda) f(t), & \alpha+\mu x=(1+\mu) f_1(\theta), \\ \beta+\lambda y=(1+\lambda) \varphi(t), & \beta+\mu y=(1+\mu) \varphi_1(\theta), \\ \gamma+\lambda z=(1+\lambda) \psi(t), & \gamma+\mu z=(1+\mu) \psi_1(\theta). \end{array}$$

En éliminant les paramètres α, β, γ, λ, μ, t, θ entre les huit équations précédentes, on obtiendra l'équation de la surface.

2. *On donne les équations de trois droites*

$$(1) \qquad \frac{x-x_1}{a_1}=\frac{y-y_1}{b_1}=\frac{z-z_1}{c_1},$$

$$(2) \qquad \frac{x-x_2}{a_2}=\frac{y-y_2}{b_2}=\frac{z-z_2}{c_2},$$

$$(3) \qquad \frac{x-x_3}{a_3}=\frac{y-y_3}{b_3}=\frac{z-z_3}{c_3},$$

et l'on demande l'équation de la surface engendrée par une droite qui s'appuie sur les trois droites données.

(*École Polytechnique.* — Examen oral; admission. 1887.)

Considérons les deux dernières droites comme étant les directrices de l'équation précédente; leurs équations peuvent s'écrire

$$(2)\qquad \begin{cases} x = x_2 + a_2 r, \\ y = y_2 + b_2 r, \\ z = z_2 + c_2 r, \end{cases}$$

$$(3)\qquad \begin{cases} x = x_3 + a_3 \rho, \\ y = y_3 + b_3 \rho, \\ z = z_3 + c_3 \rho. \end{cases}$$

Les coordonnées d'un point quelconque de la première droite sont données par

$$x = x_1 + a_1 \lambda, \qquad y = y_1 + b_1 \lambda, \qquad z = z_1 + c_1 \lambda.$$

Les coordonnées d'un point d'une droite quelconque passant par ce dernier point ont pour expression :

$$\xi = \frac{x_1 + a_1 \lambda + \mu x}{1 + \mu}; \quad \eta = \frac{y_1 + b_1 \lambda + \mu y}{1 + \mu}; \quad \zeta = \frac{z_1 + c_1 \lambda + \mu z}{1 + \mu}.$$

Les équations

$$\begin{cases} x_1 + a_1 \lambda + \mu x = (1 + \mu)(x_2 + a_2 r), \\ y_1 + b_1 \lambda + \mu y = (1 + \mu)(y_2 + b_2 r), \\ z_1 + c_1 \lambda + \mu z = (1 + \mu)(z_2 + c_2 r), \end{cases}$$

$$\begin{cases} x_1 + a_1 \lambda + \nu x = (1 + \nu)(x^3 + a_3 \rho), \\ \dots\dots\dots\dots\dots\dots\dots\dots \end{cases}$$

doivent donc être satisfaites par les mêmes valeurs de $\lambda, \mu, \nu, r, \rho$; l'équation de la surface s'obtiendra en éliminant ces cinq paramètres entre les six équations précédentes.

3. *Équation de la surface engendrée par une droite s'appuyant sur une droite donnée et sur deux circonférences données situées dans des plans parallèles entre eux et à la droite donnée. La projection de la droite donnée sur un plan parallèle à ceux des circonférences passe par les projections des centres de ces circonférences.*

(Cette surface est employée en Stéréotomie et constitue une partie de l'*arrière-voussure de Marseille.*)

Prenons comme plan des zx le plan mené par la droite donnée perpendiculairement aux plans des circonférences; la droite donnée comme axe des z et comme axe des x la perpendiculaire abaissée du centre de l'une des circonférences sur la droite.

Soit

$$(1) \qquad \left\{ \begin{array}{l} x - a = 0, \\ y^2 + z^2 - R^2 = 0, \end{array} \right.$$

$$(2) \qquad \left\{ \begin{array}{l} x - \alpha = 0, \\ y^2 + (z - \beta)^2 - r^2 = 0, \end{array} \right.$$

les équations des circonférences données. Les équations d'une droite quelconque rencontrant l'axe des z peuvent s'écrire

$$(3) \qquad \xi = \frac{\lambda x}{1 + \lambda}, \qquad \eta = \frac{\lambda y}{1 + \lambda}, \qquad \zeta = \frac{\mu + \lambda z}{1 + \lambda}.$$

Le point (x, y, z), mis en évidence dans l'équation (3), appartiendra à la surface étudiée s'il existe un système de valeurs de μ, λ, λ' vérifiant simultanément les équations (1), (2), (3) et

$$(4) \qquad \xi' = \frac{\lambda' x}{1 + \lambda'}, \qquad \eta' = \frac{\lambda' y}{1 + \lambda}, \qquad \zeta' = \frac{\mu + \lambda' z}{1 + \lambda'}.$$

Il vient :

$$(1)\qquad \begin{cases} \dfrac{\lambda x}{1+\lambda} - a = 0, \\ \dfrac{\lambda^2}{(1+\lambda)^2} y^2 + \left(\dfrac{\mu + \lambda z}{1+\lambda}\right)^2 - R^2 = 0, \end{cases}$$

$$(2)\qquad \begin{cases} \dfrac{\lambda' x}{1+\lambda'} - \alpha = 0, \\ \dfrac{\lambda'^2}{1+\lambda'^2} y^2 + \left(\dfrac{\mu + \lambda' z}{1+\lambda'} - \beta\right)^2 - r^2 = 0, \end{cases}$$

c'est-à-dire

$$(5)\qquad \frac{a^2}{x^2} y^2 + \left(\frac{\mu + \dfrac{a}{x-a} z}{1 + \dfrac{a}{x-a}}\right)^2 - R^2 = 0,$$

$$(6)\qquad \frac{\alpha^2}{x^2} y^2 + \left(\frac{\mu + \dfrac{\alpha}{x-\alpha} z}{1 + \dfrac{\alpha}{x-\alpha}} - \beta\right)^2 - r^2 = 0.$$

On peut écrire ce système

$$(5)\qquad a^2 y^2 + [\mu(x-a) + az]^2 - R^2 x^2 = 0,$$

$$(6)\qquad \alpha^2 y^2 + [\mu(x-\alpha) + \alpha z - \beta x]^2 - r^2 x^2 = 0.$$

L'équation de la surface est l'éliminant de μ entre les deux équations précédentes.

4. *On donne les équations*

$$(1)\qquad x^2 + y^2 - z^2 = 0,$$

$$(2)\qquad x + 1 = 0, \qquad y - 2 = 0,$$

$$(3)\qquad x - 2 = 0, \qquad z - 1 = 0$$

et l'on demande :

1° *Quelle est la surface représentée par la première équation?*

2° *De reconnaître si les droites* (2) *et* (3) *se coupent;*

3° *L'équation de la surface engendrée par une droite qui s'appuie sur les droites* (2) *et* (3) *et qui reste tangente à la surface* (1).

(*École Polytechnique.* — Examen oral; admissibilité. 1887.)

La première équation

$$(1) \qquad x^2 + y^2 - z^2 = 0$$

est celle d'un cône de révolution autour de l'axe des z, et ayant son sommet à l'origine.

Les droites (2) et (3) situées dans les plans parallèles

$$x + 1 = 0, \qquad x - 2 = 0$$

ne se coupent pas.

Les équations d'une droite s'appuyant sur ces deux droites peuvent s'écrire

$$(4) \qquad \begin{cases} x + 1 + \lambda(y - 2) = 0, \\ x - 2 + \mu(z - 1) = 0; \end{cases}$$

cette droite appartiendra à la surface étudiée si elle rencontre le cône (1) en deux points confondus.

Pour exprimer cette condition, nous allons mettre les équations de la droite (4) sous la forme

$$\frac{x - x_0}{a} = \frac{y - y_0}{b} = \frac{z - z_0}{c}.$$

Pour cela nous mettrons d'abord un point en évidence, soit $z = 0$ sa cote; il vient

$$x = 2 + \mu, \qquad y = \frac{2\lambda - \mu - 3}{\lambda}.$$

D'ailleurs des coefficients de direction de cette droite sont donnés par

$$x + \lambda y + 0 \times z = 0,$$
$$x + 0 \times y + \mu z = 0,$$

c'est-à-dire

(5) $$\frac{x}{\lambda\mu} = \frac{y}{-\mu} = \frac{z}{-\lambda}.$$

Les équations de la droite (4) peuvent donc s'écrire

(6) $$\frac{x - 2 - \mu}{\lambda\mu} = \frac{y - \dfrac{2\lambda - \mu - 3}{\lambda}}{-\mu} = \frac{z}{-\lambda}.$$

Si l'on appelle θ la valeur commune de ces rapports, on a

$$\theta = \frac{r}{(\lambda^2\mu^2 + \mu^2 + \lambda^2)^{\frac{1}{2}}},$$

r étant la distance du point x, y, z au point mis en évidence dans les équations (6). L'équation en θ est donc

(7) $$(2 + \mu + \theta\lambda\mu)^2 + \left(\frac{2\lambda - \mu - 3}{\lambda} - \mu\theta\right)^2 - \lambda^2\theta^2 = 0,$$

c'est-à-dire

$$\theta^2(\lambda^2\mu^2 - \mu^2 - \lambda^2) + 2\theta\left[\lambda\mu(2 + \mu) - \mu\,\frac{2\lambda - \mu - 3}{\lambda}\right]$$
$$+ (2 + \mu)^2 + \frac{(2\lambda - \mu - 3)^2}{\lambda^2} = 0$$

ou

$$A\theta^2 + 2B\theta + C = 0.$$

Cette équation aura ses racines égales si l'on a

$$AC - B^2 = 0 \qquad \text{ou} \qquad F(\lambda, \mu) = 0.$$

En remplaçant dans cette équation λ et μ respectivement par

$$\frac{x + 1}{2 - y}, \qquad \frac{2 - x}{z - 1},$$

on obtiendra l'équation de la surface réglée.

5. *Équation de la surface engendrée par une droite s'appuyant sur une conique et sur deux droites données.*

Prenons le plan de la conique C comme plan des xy, les droites données ont respectivement pour équations

$$\Delta \left\{ \begin{array}{l} P = ax + by + cz + d = 0, \\ Q = \alpha x + \beta y + \gamma z + \delta = 0, \end{array} \right.$$

$$\Delta' \left\{ \begin{array}{l} P' = a'x + b'y + c'z + d' = 0, \\ Q' = \alpha' x + \beta' y + \gamma' z + \delta' = 0. \end{array} \right.$$

La conique C est de même donnée par

$$\left\{ \begin{array}{l} z = 0, \\ Ax^2 + 2Bxy + Cy^2 + 2Dx + 2Ey + F = 0. \end{array} \right.$$

Les équations d'une droite quelconque s'appuyant sur les droites Δ et Δ' sont

$$\begin{array}{l} P + \lambda Q = 0, \\ P' + \mu Q' = 0; \end{array}$$

les traces de ces plans sur le plan $z = 0$ doivent se couper sur la conique ; donc la solution du système

$$\begin{array}{l} ax + by + d + \lambda(\alpha x + \beta y + \delta) = 0, \\ a'x + b'y + d' + \mu(\alpha' x + \beta' y + \delta') = 0, \end{array}$$

c'est-à-dire

$$\begin{array}{ll} (a + \lambda\alpha)x + (b + \lambda\beta)y + (d + \lambda\delta) & = 0, \\ (a' + \lambda\alpha')x + \ldots & = 0 \end{array}$$

ou

$$\frac{x}{(b + \lambda\beta)(d' + \lambda\delta') - (d + \lambda\delta)(b' + \lambda\beta')} = \frac{y}{\ldots} = \frac{1}{\ldots}$$

doit vérifier l'équation

$$Ax^2 + 2Bxy + \ldots = 0.$$

L'équation de condition obtenue entre λ et μ,

$$F(\lambda, \mu) = 0,$$

est du second degré.

En y remplaçant λ et μ respectivement par

$$-\frac{Q}{P} \quad \text{et} \quad -\frac{Q'}{P'},$$

on obtient l'équation de la surface. Celle-ci est du quatrième degré.

Si l'une des droites, Δ par exemple, rencontre la conique C, cette surface se décompose en un plan et une surface du troisième ordre.

Si les droites Δ et Δ' rencontrent la conique, la surface se dédouble en une surface du second ordre et un système de deux plans.

6. *Équation de la surface engendrée par une droite qui reste normale à une courbe, donnée par les coordonnées de l'un quelconque de ses points, et s'appuie sur une droite donnée.*

Soient

$$(1) \qquad \begin{cases} x = f(t), \\ y = \varphi(t), \\ z = \psi(t) \end{cases}$$

les équations de la courbe donnée;

$$(2) \qquad \begin{cases} lx + my + nz + p = 0, \\ l'x + m'y + n'z + p' = 0 \end{cases}$$

celles de la droite donnée;

$$(3) \qquad \xi = \frac{\alpha + \lambda x}{1 + \lambda}, \qquad \eta = \frac{\beta + \lambda y}{1 + \lambda}, \qquad \zeta = \frac{\gamma + \lambda z}{1 + \lambda}$$

celles d'une génératrice de la surface (α, β, γ) étant les coordonnées du point de la génératrice qui appartient à la droite donnée; (α, β, γ) satisfont donc aux équations

$$(4)\qquad \begin{cases} l\alpha + m\beta + n\gamma + p = 0, \\ l'\alpha + m'\beta + n'\gamma + p' = 0 \end{cases}$$

et à celle d'un plan normal à la courbe au point défini par la valeur t du paramètre

$$(5)\quad [\alpha - f(t)]f'(t) + [\alpha - \varphi(t)]\varphi'(t) + [\gamma - \psi(t)]\psi'(t) = 0.$$

De plus un point de la génératrice a pour coordonnées

$$x = f(t); \qquad y = \varphi(t); \qquad z = \psi(t),$$

c'est-à-dire que l'on a

$$(6)\quad \frac{\alpha + \lambda x}{1 + \lambda} = f(t); \qquad \frac{\beta + \lambda y}{1 + \lambda} = \varphi(t); \qquad \frac{\gamma + \lambda z}{1 + \lambda} = \psi(t).$$

On obtiendra l'équation de la surface en éliminant les paramètres α, β, γ, λ, t entre les six équations suivantes :

$$(7)\qquad l\alpha + m\beta + n\gamma + p = 0,$$

$$(8)\qquad l'\alpha + m'\beta + n'\gamma + p' = 0,$$

$$(9)\quad [\alpha - f(t)]f'(t) + [\beta - \varphi(t)]\varphi'(t) + [\gamma - \psi(t)]\psi'(t) = 0,$$

$$(10)\qquad \alpha + \lambda x - (1 + \lambda) f(t) = 0,$$

$$(11)\qquad \beta + \lambda y - (1 + \lambda) \varphi(t) = 0,$$

$$(12)\qquad \gamma + \lambda z - (1 + \lambda) \psi(t) = 0.$$

7. *On donne une courbe par les coordonnées de l'un quelconque de ses points*

$$x = f(t), \qquad y = \varphi(t), \qquad z = \psi(t);$$

on demande l'équation de la surface engendrée par une droite qui reste normale à cette courbe et se déplace de telle sorte que le plan tangent à la surface fasse avec un plan donné un angle donné (*surface d'égale pente*).

Une génératrice quelconque de la surface est définie par l'intersection du plan normal à la directrice donnée en un quelconque de ses points M, avec un plan passant par le point M, contenant la tangente en ce point, et faisant avec le plan donné l'angle donné.

Soit (ξ, η, ζ, θ) un point quelconque de la directrice, on a

$$(1)\qquad \xi = f(\theta),\qquad \eta = \varphi(\theta),\qquad \zeta = \psi(\theta).$$

L'équation du plan normal en ce point est

$$(2)\qquad (x-\xi)f'(\theta) + (y-\eta)\varphi'(\theta) + (z-\xi)\psi'(\theta) = 0.$$

Un plan quelconque passant par la tangente à la directrice au point ξ, η, ζ a pour équation

$$(3)\qquad \lambda(x-\xi) + \mu(y-\eta) + \nu(z-\zeta) = 0,$$

λ, μ, ν étant liés par l'équation

$$(4)\qquad \lambda f'(\theta) + \mu\varphi'(\theta) + \nu\psi'(\theta) = 0;$$

soit

$$(5)\qquad Ax + By + Cz = 0$$

l'équation du plan donné, le plan (3) fera un angle donné α avec ce plan si l'on a entre λ, μ, ν la relation

$$(6)\quad A\lambda + B\mu + C\nu - \cos\alpha\,(\lambda^2+\mu^2+\nu^2)^{\frac{1}{2}}(A^2+B^2+C^2)^{\frac{1}{2}} = 0.$$

Les équations d'une génératrice quelconque sont donc

$$(7)\quad [x-f(\theta)]f'(\theta) + [y-\varphi(\theta)]\varphi'(\theta) + [z-\psi(\theta)]\psi'(\theta) = 0,$$

$$(8)\quad \lambda[x-f(\theta)] + \mu[y-\varphi(\theta)] + \nu[z-\psi(\theta)] = 0,$$

λ, μ, ν étant liés par les relations

$$(4)\qquad \lambda f'(\theta) + \mu\varphi'(\theta) + \nu\psi'(\theta) = 0,$$

$$(6)\quad A\lambda + B\mu + C\nu - (A^2+B^2+C^2)^{\frac{1}{2}}(\lambda^2+\mu^2+\nu^2)^{\frac{1}{2}}\cos\alpha = 0.$$

Des équations (4) et (8) on tire

$$\frac{\lambda}{[y-\varphi(\theta)]\psi'(\theta)-[z-\psi(\theta)]\varphi'(\theta)}$$

$$=\frac{\mu}{[z-\psi(\theta)]f'(\theta)-[x-f(\theta)]\psi'(\theta)}$$

$$=\frac{\nu}{[x-f(\theta)]\varphi'(\theta)-[y-\varphi(\theta)]f'(\theta)}.$$

On est donc conduit à éliminer le paramètre θ entre l'équation (6) dans laquelle on a remplacé λ, μ, ν par les valeurs proportionnelles qu'on vient d'obtenir, et l'équation (7).

8. *On donne la courbe dont les équations sont*

$$\begin{cases} z=h, \\ \dfrac{x^2}{a^2}+\dfrac{y^2}{b^2}-1=0, \end{cases}$$

et l'on demande l'équation de la surface engendrée par une droite qui reste normale à la courbe et fait avec le plan xOy un angle constant.

Appliquons la méthode générale qu'on vient d'exposer : les coordonnées d'un point quelconque de la directrice donnée sont

$$(1) \qquad x=a\cos\varphi; \qquad y=b\sin\varphi; \qquad z=h.$$

Le plan normal en un point quelconque a pour équation

$$(2) \qquad (x-a\cos\varphi)(-a\sin\varphi)+(y-b\sin\varphi)\,b\cos\varphi=0,$$

c'est-à-dire

$$(3) \qquad ax\sin\varphi-by\cos\varphi+(b^2-a^2)\sin\varphi\cos\varphi=0.$$

Le second plan qui détermine la génératrice de la surface

étudiée a de même pour équation

(4) $\lambda(x - a\cos\varphi) + \mu(y - b\sin\varphi) + \nu(z - h) = 0,$

λ, μ, ν étant liés par les relations

(5) $$-a\lambda\sin\varphi + b\mu\cos\varphi = 0,$$

(6) $$\nu - (\lambda^2 + \mu^2 + \nu^2)^{\frac{1}{2}}\cos\alpha = 0.$$

Des équations (4) et (5) on tire

$$\frac{\lambda}{-(z-h)\,b\cos\varphi} = \frac{\mu}{-(z-h)\,a\sin\varphi}$$
$$= \frac{\nu}{(x - a\cos\varphi)\,b\cos\varphi + (y - b\sin\varphi)\,a\sin\varphi}$$

ou

$$\frac{\lambda}{b(z-h)\cos\varphi} = \frac{\mu}{a(z-h)\sin\varphi} = \frac{\nu}{ab - bx\cos\varphi - ay\sin\varphi}.$$

L'équation (6) devient alors

$$ab - bx\cos\varphi - ay\sin\varphi - \Big[(z-h)^2(b^2\cos^2\varphi + a^2\sin^2\varphi)$$
$$+ (ab - bx\cos\varphi - ay\sin\varphi)^2\Big]^{\frac{1}{2}}\cos\alpha = 0,$$

c'est-à-dire

(7) $$\Big[(z-h)^2(b^2\cos^2\varphi + a^2\sin^2\varphi) + (ab - bx\cos\varphi - ay\sin\varphi)^2\Big]\cos^2\alpha$$
$$- (ab - bx\cos\varphi - ay\sin\varphi)^2 = 0.$$

On est ainsi conduit à éliminer l'angle φ entre les équations (3), (7) et l'équation

(8) $$\cos^2\varphi + \sin^2\varphi - 1 = 0.$$

De l'équation (3) on tire

$$\sin\varphi = \frac{by\cos\varphi}{ax - c^2\cos\varphi};$$

portant cette valeur dans les équations (7) et (8), il vient

$$(8) \qquad (ax - c^2\cos\varphi)^2\cos^2\varphi + b^2y^2\cos^2\varphi - 1 = 0,$$

$$(7) \quad \begin{aligned} &\Big\{(z-h)^2\big[b^2\cos^2\varphi(ax - c^2\cos\varphi)^2 + a^2b^2y^2\cos^2\varphi\big] \\ &\quad + \big[(ax - c^2\cos\varphi)(ab - bx\cos\varphi) - aby^2\cos\varphi\big]^2\Big\}\cos^2\alpha \\ &\quad - \big[(ax - c^2\cos\varphi)(ab - bx\cos\varphi) - aby^2\cos\varphi\big]^2 = 0. \end{aligned}$$

On posera $\cos\varphi = t$ et l'on est ramené à éliminer t entre deux équations du quatrième degré.

La trace de cette surface sur tout plan parallèle au plan de la directrice est une courbe parallèle à l'ellipse.

II

PROBLÈMES GÉNÉRAUX.

PROBLÈMES GÉNÉRAUX.

CHAPITRE PREMIER.

GÉOMÉTRIE PLANE.

1. *On donne une parabole et une droite. Trouver le lieu des points tels que les tangentes, menées à la parabole de chacun d'eux, forment avec la droite donnée un triangle de surface donnée.*

(*École Polytechnique.* — 1883.)

Soient D (*fig.* 4) la droite donnée, M un point du lieu; en appelant K le pied de la perpendiculaire abaissée du point M sur la droite D, on voit que la surface du triangle MPQ de l'énoncé s'exprimera par

$$\tfrac{1}{2}\,\mathrm{PQ.MK}.$$

Or, quel que soit le système d'axes choisi, MK s'obtiendra par la formule donnant la distance d'un point à une droite; PQ est le segment intercepté sur la droite D par le faisceau des tangentes menées à la parabole par le point M. On calculerait facilement sa longueur au moyen de l'équation de ce faisceau, si la droite D était parallèle à l'axe des ordonnées, par exemple. Cette remarque nous conduit au choix des axes suivants.

L'axe des y sera la tangente à la parabole parallèle à la

droite D, et l'axe des x son diamètre conjugué. Soit O l'origine ainsi définie; l'équation de la parabole est alors

$$y^2 - 2px = 0,$$

p désignant le paramètre relatif à l'origine choisie.

Soit M (α, β) un point du lieu cherché : ce point doit être

Fig. 4.

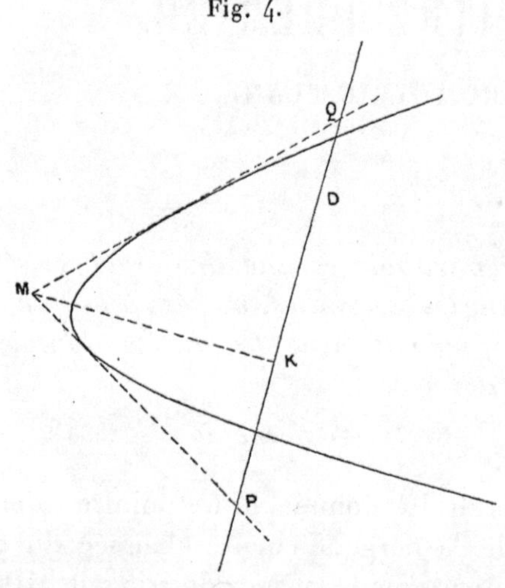

tel que la surface du triangle MPQ soit constante et égale à a^2; or l'équation quadratique du faisceau des tangentes menées du point M à la parabole étant

$$(y^2 - 2px)(\beta^2 - 2p\alpha) - [-p\alpha + \beta y - px]^2 = 0,$$

l'équation aux ordonnées des points d'intersection de ce faisceau avec la droite D,

$$x - a = 0,$$

est

$$(y^2 - 2pa)(\beta^2 - 2p\alpha) - [\beta y - pa - p\alpha]^2 = 0;$$

et la longueur

$$PQ = y_2 - y_1$$

pourra s'exprimer en fonction des coefficients de cette équation.

On a, en effet,

$$\overline{PQ}^2 = (y_2 - y_1)^2 = (y_1 + y_2)^2 - 4y_1y_2$$

et

$$y_1 + y_2 = \frac{p\beta(\alpha + a)}{p\alpha} = \frac{\beta}{\alpha}(\alpha + a),$$

$$y_1 y_2 = \frac{2pa(\beta^2 - 2p\alpha) + p^2(a + \alpha)^2}{2p\alpha}$$

$$= \frac{2a(\beta^2 - 2p\alpha) + p(a + \alpha)^2}{2\alpha};$$

par suite

$$\overline{PQ}^2 = \frac{\beta^2(\alpha + a)^2}{\alpha^2} - \frac{2}{\alpha}[2a(\beta^2 - 2p\alpha) + p(a + \alpha)^2]$$

$$= \frac{\beta^2(\alpha + a)^2 - 2\alpha[2a(\beta^2 - 2p\alpha) + p(a + \alpha)^2]}{\alpha^2};$$

c'est-à-dire, toutes réductions effectuées,

$$\overline{PQ}^2 = \frac{(\beta^2 - 2p\alpha)(\alpha - a)^2}{\alpha^2}.$$

La surface du triangle MPQ dont l'expression est

$$\tfrac{1}{2}PQ.MK$$

s'écrit donc

$$a^2 = \tfrac{1}{2}PQ.(\alpha - a)\sin\theta,$$

c'est-à-dire

$$4a^4 = \frac{(\alpha - a)^2 \sin\theta^2.(\beta^2 - 2p\alpha)(\alpha - a)^2}{\alpha^2}.$$

Telle est la relation que l'on doit établir entre α et β pour réaliser les conditions de l'énoncé, c'est l'équation du lieu.

On peut l'écrire

$$(1) \qquad K^2 x^2 = (y^2 - 2px)(x - a)^4$$

en posant

$$4a^4 = K^2 \sin^2 \theta.$$

C'est une courbe du sixième degré ayant pour diamètre l'axe des x, et pour directions asymptotiques multiples celles des axes de coordonnées.

De plus, elle passe à l'origine et y est tangente à l'axe Oy, ainsi qu'à la parabole

$$y^2 - 2px = 0.$$

Enfin, si l'on remarque que l'équation (1) peut s'écrire

$$y^2 = 2px + \frac{K^2 x^2}{(x - a)^4},$$

on voit immédiatement que la parabole

$$y^2 - 2px = 0$$

est *asymptote intérieurement* à la courbe-lieu et que celle-ci admet pour asymptote de rebroussement la droite

$$x - a = 0;$$

ces remarques permettent de tracer la courbe.

2. *On donne une ellipse et un cercle ayant pour centre un foyer de l'ellipse.*

Trouver le lieu des points tels que les tangentes menées de ces points au cercle et à l'ellipse forment un faisceau harmonique.

Prenons comme axes de coordonnées les axes de l'ellipse; son équation est

$$(1) \qquad b^2 x^2 + a^2 y^2 - a^2 b^2 = 0,$$

et celle du cercle,

$$(2) \qquad (x-c)^2+y^2-r^2=0,$$

si l'on pose

$$c^2=a^2-b^2.$$

Soient α, β les coordonnées d'un point du lieu; les équations des faisceaux de tangentes menées du point (α, β) respectivement au cercle et à l'ellipse sont de la forme

$$A(x-\alpha)^2+2B(x-\alpha)(y-\beta)+C(y-\beta)^2=0$$

et

$$A'(x-\alpha)^2+2B'(x-\alpha)(y-\beta)+C'(y-\beta)^2=0,$$

et la condition pour que ces quatre droites forment un faisceau harmonique est

$$AC'+CA'-2BB'=0,$$

il suffira d'établir cette relation entre les coefficients des équations explicitées pour obtenir l'équation du lieu.

Or l'équation du faisceau des tangentes menées du point (α, β) à l'ellipse est

$$(b^2x^2+a^2y^2-a^2b^2)(b^2\alpha^2+a^2\beta^2-a^2b^2) \\ -(\alpha b^2x+\beta a^2y-a^2b^2)^2=0,$$

c'est-à-dire

$$(3) \quad b^2(E-b^2\alpha^2)x^2-2a^2b^2\alpha\beta xy+a^2(E-a^2\beta^2)y^2+\ldots=0,$$

en posant

$$E=b^2\alpha^2+a^2\beta^2-a^2b^2.$$

On a, de même, pour le cercle

$$[(x-c)^2+y^2-r^2][(\alpha-c)^2+\beta^2-r^2] \\ -[\alpha(x-c)+\beta y-r^2]^2=0;$$

puis

$$(4) \qquad (C-\alpha^2)x^2-2\alpha\beta xy+y^2(C-\beta^2)+\ldots=0,$$

en posant

$$C = (\alpha - c)^2 + \beta^2 - r^2.$$

L'équation du lieu est donc

$$b^2(E - b^2\alpha^2)(C - \beta^2) + a^2(E - a^2\beta^2)(C - \alpha^2) - 2a^2b^2\alpha^2\beta^2 = 0.$$

3. *On donne un quadrilatère plan* OACB, *et deux séries de paraboles, les unes tangentes en* A *à* AC *et ayant pour diamètre* OA; *les autres tangentes en* B *à* BC *et ayant pour diamètre* OB.

On demande de trouver le lieu du point de contact M *d'une parabole de la première série avec une parabole de la seconde; et, le triangle* OAB *restant invariable, d'indiquer dans quelle région du plan il faut placer le point* C *pour que le lieu soit une ellipse, et pour qu'il soit une hyperbole.*

(*École Polytechnique.* — Énoncé partiel; 1888.)

Prenons comme axes de coordonnées les droites OA et OB, et posons $OA = a$, $OB = b$.

Si l'on appelle p et q les coordonnées du point C, l'équaion d'une parabole du premier système sera

$$(1) \qquad y^2 - 2\lambda[q(x-a) + (p-a)y] = 0,$$

λ désignant un paramètre variable; de même, l'équation d'une parabole du second système est

$$(2) \qquad x^2 - 2\mu[(q-b)x + p(y-b)] = 0,$$

μ désignant un second paramètre variable.

Or, pour que les courbes représentées par les équations

$$f(xy) = 0,$$
$$\varphi(xy) = 0$$

soient tangentes, il faut que la relation

$$\frac{f'_x}{f'_y} = \frac{\varphi'_x}{\varphi'_y}$$

soit vérifiée, ce qui, dans le cas actuel, nous conduit à l'équation

$$(3) \qquad \frac{-\lambda q}{y-\lambda(p-a)} = \frac{x-\mu(q-b)}{-\mu p}.$$

Nous obtiendrons dès lors l'équation du lieu cherché en éliminant λ et μ entre les équations (1), (2) et (3) qui, rendues homogènes par l'introduction d'une troisième variable ν, s'écriront

$$-2\lambda[q(x-a)+(p-a)y]+\nu y^2=0,$$
$$-2\mu[(q-b)x+p(y-b)]+\nu x^2=0,$$
$$[pq-(p-a)(q-b)]\lambda\mu+x(p-a)\lambda\nu+y(q-b)\mu\nu-xy\nu^2,$$

Les deux premières nous donnent

$$\frac{\lambda}{y^2[(q-b)x+p(y-b)]} = \frac{\mu}{x^2[q(x-a)+(p-a)y]} = \frac{\nu}{2[q(x-a)+(p-a)y][(q-b)x+p(y-b)]};$$

et en remplaçant λ, μ, ν par leurs valeurs proportionnelles dans la troisième équation, on obtient

$$\begin{aligned}x^2y^2[pq-(p-a)(q-b)][(q-b)x+p(y-b)][q(x-a)+(p-a)y]\\ +2(p-a)xy^2[(q-b)x+p(y-b)]^2[q(x-a)+(p-a)y]\\ +2(q-b)x^2y[q(x-a)+(p-a)y]^2[(q-b)x+p(y-b)]\\ -4xy[q(x-a)+(p-a)y]^2[(q-b)x+p(y-b)]^2=0.\end{aligned}$$

Cette équation admet les solutions

$$x=0, \qquad y=0,$$
$$(q-b)x+p(y-b)=0, \qquad q(x-a)+(p-a)y=0;$$
$$(4) \quad \begin{aligned}2q(q-b)(x-a)x+2p(p-a)y(y-b)\\ +4pq(x-a)(y-b)\\ +[(p-a)(q-b)-pq]xy=0.\end{aligned}$$

Cette dernière équation représente une conique dont l'ensemble des termes du second degré est

$$2q(q-b)x^2 + [3pq + (p-a)(q-b)]\,xy \\ + 2p(p-a)y^2 + \ldots .$$

La conique sera une ellipse lorsqu'on aura

$$16pq(p-a)(q-b) - [3pq + (p-a)(q-b)]^2 > 0,$$

une hyperbole dans le cas contraire, enfin une parabole lorsque cette quantité sera nulle.

Les régions du plan dans lesquelles les coniques (4) sont des hyperboles ou des ellipses sont donc séparées par la courbe dont l'équation est

$$16pq(p-a)(q-b) - [3pq + (p-a)(q-b)]^2 = 0,$$

dans laquelle nous considérons p et q comme variables.

Cette équation s'écrit

$$16\,pq[pq - (aq + bp - ab)] - [4pq - (aq + bp - ab)]^2 = 0,$$

ou bien

$$-16pq(aq + bp - ab) - (aq + bp - ab)^2 \\ + 8pq(aq + bp - ab) = 0,$$

et finalement

$$(aq + bp - ab)(8pq + aq + bp - ab) = 0.$$

La courbe qui délimite les régions du plan donnant des ellipses ou des hyperboles se décompose donc en deux parties (*fig.* 5); la droite

(D) $$bx + ay - ab = 0,$$

et l'hyperbole

(H) $$8xy + bx + ay - ab = 0,$$

dont le centre est au point de coordonnées

$$x_1 = -\frac{a}{8}, \qquad y_1 = -\frac{b}{8},$$

et dont les asymptotes sont parallèles aux axes de coordonnées.

Elle coupe l'axe des y en B et l'axe des x en A.

La droite (D) passe également aux points A et B où elle coupe l'hyperbole.

Toutes les fois que le point C, de coordonnées p et q sera

Fig. 5.

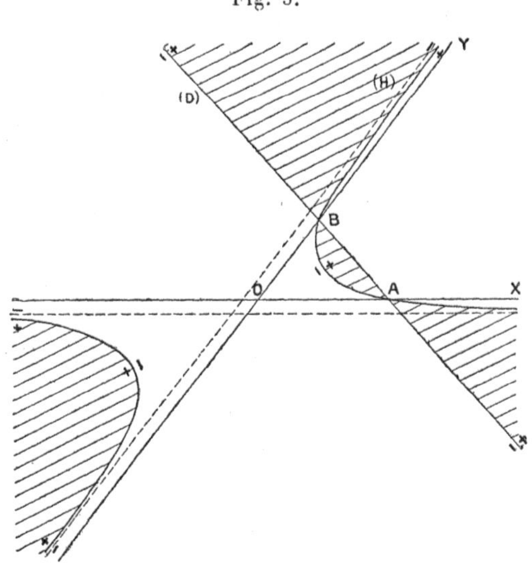

situé sur la courbe (H) ou sur la droite (D), la conique sera une parabole.

Ce sera une ellipse pour les régions du plan qui donnent des signes contraires aux premiers membres des équations de la droite et de l'hyperbole (H); une hyperbole quand les premiers membres des équations (D) et (H) seront de même signe.

Les hyperboles correspondent donc aux portions du plan non recouvertes de hachures; les ellipses, aux portions hachées.

4. *On donne dans un plan une hyperbole équilatère dont l'équation, par rapport à ses axes pris comme axes de coordonnées, est*

(H) $$x^2 - y^2 = a^2;$$

d'un point M *du plan, ayant pour coordonnées p et q, on mène les normales à cette courbe.*

On demande de faire passer par les pieds de ces normales une nouvelle hyperbole équilatère, dont les normales en ces points soient concourantes, et de déterminer leur point de concours.

(*École Polytechnique.* — Énoncé partiel; 1890.)

Les pieds des normales abaissées du point M (p, q) sur l'hyperbole

(H) $$x^2 - y^2 = a^2,$$

sont les points de rencontre de cette courbe avec l'hyperbole définie par l'équation

$$\frac{p - x}{x} = \frac{q - y}{-y},$$

c'est-à-dire

(K) $$2xy - qx - py = 0.$$

Une conique quelconque, passant par les points d'intersection de (H) et (K), c'est-à-dire par les pieds des normales aura dès lors pour équation

(1) $$x^2 - y^2 - a^2 + \lambda(2xy - qx - py) = 0,$$

λ étant un paramètre variable, et ces coniques sont des hyperboles équilatères.

Il s'agit d'exprimer que les normales à cette hyperbole aux points d'intersection de (H) et (K) sont concourantes.

A cet effet, soient α et β les coordonnées de leur point de concours : les normales à l'hyperbole (1) menées du point (α, β) auront leurs pieds aux points de rencontre de (1) avec la courbe dont l'équation est

$$\frac{\alpha - x}{2x + 2\lambda y - \lambda q} = \frac{\beta - y}{-2y + 2\lambda x - p\lambda},$$

équation qui, développée, s'écrit

$$(2) \qquad \begin{aligned} &2\lambda(x^2 - y^2) - 4xy + [2\beta - (2\alpha + p)\lambda]x \\ &\quad + [(2\beta + q)\lambda + 2\alpha]y - \lambda(q\beta - p\alpha) = 0; \end{aligned}$$

et pour que les normales menées du point (α, β) à (1) aient leurs pieds aux points d'intersection de (H) et (K) comme le veut l'énoncé du problème, il suffit de déterminer α et β de telle sorte que l'équation (2) représente une courbe passant par les points d'intersection de (H) et (K).

L'équation (2) devra donc être de la forme

$$\mu(2xy - qx - py) + (x^2 - y^2 - a^2) = 0,$$

ce qui exige que l'on ait, K représentant un facteur de proportionnalité,

$$\begin{aligned} &K\{2\lambda(x^2 - y^2) - 4xy + [2\beta - (2\alpha + p)\lambda]x \\ &\quad + [(2\beta + q)\lambda + 2\alpha]y - \lambda(q\beta - p\alpha)\} \\ &\quad = (x^2 - y^2 - a^2) + \mu(2xy - qx - py). \end{aligned}$$

L'identification donne les relations suivantes :

$$(3) \qquad \left\{ \begin{aligned} \mu &= -2K, \\ 1 &= 2K\lambda, \\ K\lambda(q\beta - p\alpha) &= a^2, \\ K(2\beta - 2\alpha\lambda - p\lambda) &= -\mu q, \\ K[(2\beta + q)\lambda + 2\alpha] &= -\mu p; \end{aligned} \right.$$

qui se réduisent, en tenant compte des deux premières, à

$$(4) \qquad \left\{ \begin{aligned} q\beta - p\alpha &= 2a^2, \\ 2\beta - 2\alpha\lambda - p\lambda &= 2q, \\ 2\beta\lambda + q\lambda + 2\alpha &= 2p \end{aligned} \right.$$

et déterminent α, β et λ.

L'élimination de λ entre les deux dernières équations permet de substituer au système (4) le suivant :

$$(5)\qquad \begin{cases} q\beta - p\alpha = 2a^2, \\ 2(\alpha^2+\beta^2) - p\alpha - q\beta - (p^2+q^2) = 0. \end{cases}$$

Les coordonnées α et β du point de concours des normales à l'hyperbole (1) passant par les points d'intersection de (H) et (K) s'obtiendraient en résolvant ce système par rapport à α et β. Mais on obtient ainsi des expressions irrationnelles.

Il est plus simple de remarquer que le point P (α, β) est l'intersection des deux courbes représentées par les équations (5), en y considérant α et β comme coordonnées courantes.

La première de ces courbes est la polaire du point de coordonnées $\frac{p}{2}, \frac{q}{2}$ par rapport à l'hyperbole (H), et la seconde est un cercle dont les coordonnées du centre sont $\frac{p}{4}, \frac{q}{4}$, et le rayon défini par la relation

$$r^2 = \frac{p^2+q^2}{2} + \frac{p^2+q^2}{16} = \frac{9(p^2+q^2)}{16},$$

ce qui donne pour ce rayon la valeur

$$r = \frac{3\sqrt{p^2+q^2}}{4}.$$

Les coordonnées α et β sont réelles toutes les fois que la distance du centre de ce cercle à la droite

$$q\beta - p\alpha = 2a^2$$

est inférieure au rayon, elles sont imaginaires dans le cas contraire.

La condition de réalité est donc

$$\frac{q^2-p^2-8a^2}{4(p^2+q^2)^{\frac{1}{2}}} \leq \frac{3(p^2+q^2)^{\frac{1}{2}}}{4}$$

ou

$$p^2 + 2q^2 - 4a^2 \leqq 0,$$

c'est dire qu'il y a un point de concours réel des normales aux hyperboles (1) aux points où elles rencontrent les courbes (H) et (K), toutes les fois que le point P est contenu à l'intérieur de la courbe dont l'équation serait, en prenant pour coordonnées courantes p et q,

$$p^2 + 2q^2 - 4a^2 = 0.$$

C'est une ellipse ayant son centre à l'origine, pour axes des droites de longueurs respectives

$$A = 2a,$$
$$B = a\sqrt{2}$$

coïncidant avec les axes de coordonnées.

Toutes les fois que le point P sera pris en dehors de cette ellipse, les coordonnées du point de concours des normales seront imaginaires.

5. *Par un point donné, mener une droite qui fasse un angle donné avec la tangente, à une courbe, également donnée, au point où celle-ci est rencontrée par la droite cherchée.*

La recherche de ces droites présente une entière analogie avec le problème de la recherche des normales, la courbe $f(x, y) = 0$ qui n'en est qu'un cas particulier, celui où $\theta = \frac{\pi}{2}$; c'est pourquoi l'on donne souvent à de telles droites le nom de *pseudo-normales,* que nous leur conserverons dans la suite.

Soient donc $f(x, y) = 0$ l'équation d'une courbe plane et P (α, β) (*fig.* 6) le point d'où il s'agit de lui mener une pseudo-normale faisant avec la tangente un angle θ.

Les coordonnées du pied de la pseudo-normale étant x

et y, le coefficient angulaire de la tangente en ce point a pour expression

$$\mu = -\frac{f'_x}{f'_y},$$

et, si l'on appelle m le coefficient angulaire de la pseudo-normale, il doit exister entre m et μ la relation

$$\operatorname{tang}\theta = \frac{m-\mu}{1+m\mu},$$

les axes de coordonnées étant rectangulaires.

Fig. 6.

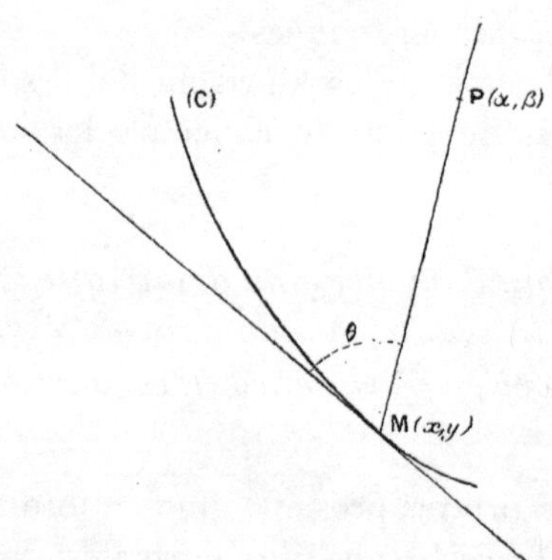

Cette équation donne immédiatement

$$m = \frac{\mu + \operatorname{tang}\theta}{1-\mu\operatorname{tang}\theta} = \frac{-\dfrac{f'_x}{f'_y} + \operatorname{tang}\theta}{1+\dfrac{f'_x}{f'_y}\operatorname{tang}\theta}$$

ou bien

$$m = \frac{f'_y \sin\theta - f_x \cos\theta}{f'_y \cos\theta + f'_x \sin\theta}.$$

L'équation d'une pseudo-normale en M (x, y) sera donc,

en appelant X et Y les coordonnées courantes,

$$(1) \qquad \frac{X - x}{f'_y \cos\theta + f'_x \sin\theta} = \frac{Y - y}{f'_y \sin\theta - f'_x \cos\theta},$$

équation qui se confond avec celle de la normale en M pour $\theta = \frac{\pi}{2}$.

Pour que la pseudo-normale passe par un point P (α, β) du plan, il suffit que l'on ait

$$(2) \qquad \frac{\alpha - x}{f'_y \cos\theta + f'_x \sin\theta} = \frac{\beta - y}{f'_y \sin\theta - f'_x \cos\theta},$$

équation qui représente une courbe, de même degré que la courbe proposée, lorsque celle-ci est algébrique, et dont les points d'intersection avec la proposée seront les pieds des pseudo-normales à la courbe issues du point P.

En particulier, lorsque la courbe $f(x, y) = 0$ représente une conique, l'équation (2) représentera également une conique dont on ne peut fixer *à priori* la nature, puisqu'elle est variable avec la valeur de l'angle θ : mais cette courbe passe constamment par le point P (α, β), et pour un même point P son équation est la même pour toutes les coniques homothétiques.

Dans le cas particulier où $\theta = \frac{\pi}{2}$, cette conique devient l'hyperbole équilatère, aux pieds des normales.

6. *On donne un triangle rectangle isoscèle* OAB *et l'on demande :*

1° *L'équation générale des paraboles* P *tangentes aux trois côtés du triangle* AOB;

2° *L'équation générale de l'axe de ces paraboles*;

3° *L'équation et la forme du lieu des projections du point* O *sommet de l'angle droit* OAB *sur les axes des paraboles* P.

(*École Polytechnique*. — 1869.)

Prenons pour axes de coordonnées les deux côtés OA et OB de l'angle droit du triangle proposé et désignons par a la longueur

$$a = \mathrm{OA} = \mathrm{OB},$$

les trois droites qui forment le triangle OAB ont alors respectivement pour équations

$$(\mathrm{OA}) \qquad y = 0,$$

$$(\mathrm{OB}) \qquad x = 0,$$

$$(\mathrm{AB}) \qquad x + y - a = 0;$$

et l'équation générale des coniques inscrites dans ce triangle est

$$\sqrt{\alpha x} + \sqrt{\beta y} + \sqrt{\gamma(x + y - a)} = 0,$$

α, β et γ désignant des paramètres variables.

Cette équation développée donne

$$[\beta y - \alpha x + \gamma(x + y)]^2 - 4\beta\gamma(x + y)y$$
$$- [2a(x + y) - a^2]\gamma^2 + 2a\gamma(\alpha x + \beta y) = 0$$

que l'on peut écrire

$$(\beta - \gamma)^2 y^2 - 2[\alpha(\beta + \gamma) + \gamma(\beta - \gamma)]xy$$
$$+ (\alpha - \gamma)^2 x^2 - [2a(x + y) - a^2]\gamma^2 + 2a\gamma(\alpha x + \beta y) = 0,$$

et, par conséquent, pour que ces courbes soient des paraboles, il faut que l'on ait

$$(\alpha - \gamma)^2(\beta - \gamma)^2 - [\alpha(\beta + \gamma) + \gamma(\beta - \gamma)]^2 = 0,$$

relation qui devient

$$\alpha\beta\gamma(\alpha + \beta - \gamma) = 0.$$

Elle peut être vérifiée soit par $\alpha = \beta = \gamma = 0$, soit par les valeurs de α, β et γ qui satisfont à l'équation de condition

$$(1) \qquad \alpha + \beta - \gamma = 0,$$

et il est aisé de voir que l'une quelconque des solutions $\alpha = 0$, $\beta = 0$ ou $\gamma = 0$, prise séparément donne des systèmes de droites et non des paraboles proprement dites.

L'élimination de γ entre l'équation de la conique écrite plus haut et la condition (1) donne finalement

$$(\alpha y - \beta x)^2 - 2a\beta(\alpha + \beta)x - 2a\alpha(\alpha + \beta)y + a^2(\alpha + \beta)^2 = 0.$$

Cette équation représente un système de paraboles effectives, et ne renferme plus qu'un seul paramètre arbitraire, à savoir $\frac{\beta}{\alpha} = \lambda$, l'équation des paraboles de l'énoncé s'écrira finalement

$$(2)\qquad (y - \lambda x)^2 - a(1 + \lambda)[2(\lambda x + y) - a(1 + \lambda)] = 0.$$

L'équation de l'axe de la parabole représentée par l'équation $F(xy) = 0$, est

$$A F'_x + B F'_y = 0$$

(T. I, p. 195).

Dans le cas présent, $A = \lambda^2$, $B = \lambda$, l'équation de l'axe sera donc

$$\lambda^2 [y - \lambda x + a(1 + \lambda)] + \lambda [y - \lambda x - a(1 + \lambda)] = 0$$

ou

$$(3)\qquad (\lambda^2 + 1)(y - \lambda x) + a(\lambda^2 - 1)(\lambda + 1) = 0.$$

On pourrait étudier la loi de déplacement de cette droite en cherchant son enveloppe (T. I, p. 208) ou son équation tangentielle.

Il s'agit maintenant de trouver le lieu du pied de la perpendiculaire abaissée de l'origine sur l'axe.

L'équation de cette perpendiculaire est

$$(4)\qquad \lambda y + x = 0,$$

et l'équation du lieu demandé s'obtiendra en éliminant le

paramètre λ entre (3) et (4) que nous rendrons homogènes au moyen d'une variable auxiliaire μ :

$$\begin{cases} \mu x + \lambda y = 0, \\ (\lambda^2 + \mu^2)(\mu y - \lambda x) + a(\lambda - \mu)(\lambda + \mu)^2 = 0; \end{cases}$$

Les valeurs proportionnelles de λ et μ, portées dans la seconde équation, donnent

$$(5) \qquad (x^2 + y^2)^2 + a(x + y)(x - y)^2 = 0.$$

Le lieu représenté par cette équation est une courbe du quatrième degré dont les directions asymptotiques sont imaginaires; ce sont les droites isotropes; la courbe n'a donc pas de branches infinies réelles; elle a un point triple à l'origine, et les tangentes en ce point sont les bissectrices des axes; la première bissectrice est une tangente de rebroussement.

On voit, d'autre part, que l'équation de la courbe ne change pas si l'on change x en y et y en x et que, par conséquent, la courbe est symétrique par rapport à la première bissectrice; de plus, elle coupe les axes de coordonnées aux points A et B.

Enfin l'existence du point triple montre que la courbe est unicursale, et en posant $y = \mu x$, μ désignant un paramètre variable, on peut exprimer les coordonnées de l'un quelconque de ses points au moyen des formules

$$x = \frac{a(1 + \mu)(1 - \mu^2)}{(1 + \mu^2)^2}, \qquad y = \frac{a\mu(1 + \mu)(1 - \mu^2)}{(1 + \mu^2)^2},$$

qui permettent d'achever l'étude de la courbe en faisant varier μ de $-\infty$ à $+\infty$.

7. *On considère la courbe du troisième ordre*

$$27 y^2 = 4 x^3.$$

1° *On demande la condition à laquelle doivent satis-*

faire les paramètres m et n pour que la droite

$$y = mx + n$$

soit tangente à cette courbe;

2° On demande le lieu des points d'où l'on peut mener à la courbe proposée deux tangentes parallèles aux deux diamètres conjugués de la courbe

$$x^2 + y^2 + 2axy = B.$$

(*École Normale.* — Énoncé partiel; 1881.)

Le faisceau des droites qui joignent l'origine des coordonnées aux points d'intersection de

$$27y^2 = 4x^3 \qquad \text{avec} \qquad y = mx + n$$

a pour équation

$$27y^2\left(\frac{y - mx}{n}\right) = 4x^3,$$

ou bien

$$(1) \qquad 27y^3 - 27mxy^2 - 4nx^3 = 0,$$

et si la droite $y = mx + n$ est tangente à la courbe, ce faisceau doit avoir un rayon double, condition qui s'exprime en éliminant x et y entre les deux dérivées partielles de l'équation (1), prises respectivement par rapport à x et y, c'est-à-dire entre les équations homogènes

$$3y^2 - 2mxy = 0,$$
$$9my^2 + 4nx^2 = 0.$$

Débarrassées de la solution $y = 0$, qui entraîne $n = 0$, ces équations s'écrivent

$$3y - 2mx = 0,$$
$$9my^2 + 4nx^2 = 0,$$

et l'on en tire immédiatement

(2) $$m^3 + n = 0;$$

c'est la relation qui doit relier m et n pour que la droite

$$y = mx + n$$

soit tangente à la courbe, c'est donc son équation tangentielle et une tangente quelconque à

$$27y^2 - 4x^3 = 0$$

peut s'écrire sous la forme

$$y = mx - m^3.$$

Les tangentes menées du point M (α, β) à la courbe devant être parallèles aux diamètres conjugués de la conique

$$x^2 + 2axy + y^2 = B,$$

leurs coefficients angulaires λ et μ devront satisfaire d'une part à la relation

(3) $$\lambda\mu + a(\lambda + \mu) + 1 = 0,$$

qui lie les coefficients angulaires de deux diamètres conjugués de cette conique, et d'autre part, comme ces tangentes passent par le point de coordonnées (α, β), on doit avoir pour λ et μ des valeurs vérifiant l'équation

$$m^3 - m\alpha - \beta = 0,$$

qui exprime qu'une droite de coefficient angulaire m tangente à la courbe passe par le point (α, β).

Si donc on désigne par ν la troisième racine de l'équation précédente, il existe entre ces racines et les coefficients les relations

$$\lambda + \mu + \nu = 0,$$
$$\lambda\mu + \mu\nu + \nu\lambda = \alpha,$$
$$\lambda\mu\nu = -\beta,$$
$$\lambda\mu + a(\lambda + \mu) + 1 = 0.$$

L'équation du lieu du point M (α, β) s'obtiendra donc en éliminant λ, μ et ν entre ces quatre équations.

L'équation (3) devient

$$-\frac{\beta}{\nu} - a\nu + 1 = 0$$

ou

(4) $$a\nu^2 + \nu - \beta = 0.$$

Mais ν étant une racine de

$$\beta - m\alpha + m^3 = 0,$$

on a d'autre part

(5) $$\beta - \nu\alpha + \nu^3 = 0,$$

et il suffit d'éliminer ν entre (4) et (5) pour avoir l'équation du lieu.

L'élimination se fait simplement de la façon suivante : des deux relations

$$\nu^3 - \nu\alpha + \beta = 0,$$
$$a\nu^2 + \nu - \beta = 0$$

on déduit par addition, en supprimant $\nu = 0$ qui n'est pas solution du système primitif,

(6) $$\nu^2 + a\nu - (\alpha - 1) = 0,$$

et l'élimination de ν entre (4) et (6) donne finalement

$$[a(\alpha - 1) - \beta]^2 - (1 - a^2)[(\alpha - 1) - a\beta] = 0;$$

c'est l'équation du lieu qui devient, en remplaçant α par x, β par y et développant,

$$(ax - y)^2 - (a^2 + 1)x - a(a^2 - 3)y + 1 = 0.$$

Le lieu du point M d'où l'on peut mener à

$$27y^2 - 4x^3 = 0$$

des tangentes parallèles aux diamètres conjugués de la conique

$$x^2 + 2axy + y^2 = B$$

est donc une parabole dont l'axe a pour coefficient angulaire a et qu'il est aisé de construire entièrement.

8. *On considère toutes les paraboles tangentes à deux droites rectangulaires* Ox *et* Oy, *et telles, que la droite* PQ *qui joint leurs points de contact* P, Q *avec les deux droites, passe par un point fixe donné* A;

1° *On demande le lieu du point d'intersection de la normale en* P *à l'une de ces paraboles avec le diamètre de la même courbe passant en* Q;

2° *On demande l'équation du lieu des points de rencontre de deux paraboles satisfaisant aux conditions proposées et dont les axes font un angle donné.*

(*École Normale.* — Énoncé partiel; 1876.)

Prenons comme axes de coordonnées Ox et Oy, et soient p et q les coordonnées du point fixe A; la droite PQ aura pour équation

$$y - q - \lambda(x - p) = 0,$$

et les coniques tangentes en P et Q aux axes de coordonnées auront pour équation générale

$$2xy - \mu[y - q - \lambda(x - p)]^2 = 0,$$

μ désignant un paramètre arbitraire.

Il faut exprimer que ces coniques sont des paraboles.

Les termes du second degré étant

$$2(\lambda\mu + 1)xy - \mu y^2 - \mu\lambda^2 x^2,$$

Il faut, par conséquent,

$$\lambda^2\mu^2 - (\lambda\mu + 1)^2 = 0$$

ou bien

$$2\lambda\mu + 1 = 0;$$

l'équation des paraboles satisfaisant à l'énoncé devient

$$4\lambda xy + [(y-q) - \lambda(x-p)]^2 = 0$$

ou, en développant,

$$(1)\quad (y+\lambda x)^2 + 2\lambda(q-\lambda p)x - 2(q-\lambda p)y + (q-\lambda p)^2 = 0.$$

La normale au point P à ces courbes est la parallèle à Oy menée par P; son équation est donc

$$(2)\quad (\mathrm{PN})\qquad x - \frac{\lambda p - q}{\lambda} = 0;$$

le diamètre au point Q et dont le coefficient angulaire est $-\lambda$, a pour équation

$$(3)\quad (\mathrm{QD})\qquad y + \lambda x - (\lambda p + q) = 0;$$

et le lieu du point de rencontre du diamètre et de la normale s'obtient en éliminant λ entre (2) et (3). Ces équations ordonnées prennent la forme suivante :

$$\lambda(x-p) + q = 0,$$
$$\lambda(x-p) + y - q = 0;$$

l'équation du lieu est donc

$$(x-p)(y-2q) = 0.$$

Ce lieu se dédouble en deux droites : la parallèle à l'axe Oy menée par le point A, et la parallèle à Ox située à une distance double de celle de A à cette même droite.

Soient maintenant λ' et λ'' les coefficients augulaires des axes de deux paraboles satisfaisant à l'énoncé, et soit k la tangente de l'angle constant que font entre eux ces axes :

on a entre λ' et λ'' la relation

$$(4) \qquad k = \frac{\lambda'' - \lambda'}{1 + \lambda'\lambda''},$$

et λ' et λ'' doivent d'autre part satisfaire tous deux à l'équation aux coefficients angulaires des axes

$$(y - \Lambda x)^2 - 2\Lambda(q + \Lambda p)x - 2(q + \Lambda p)y + (q + \Lambda p)^2 = 0$$

qui, ordonnée, s'écrit

$$(5) \quad \Lambda^2(x - p)^2 - 2\Lambda[y(x + p) + q(x - p)] + (y - q)^2 = 0.$$

On a donc, entre ces deux quantités et les coefficients de l'équation (5), les relations

$$\lambda'\lambda'' = \frac{(y - q)^2}{(x - p)^2},$$

$$\lambda' + \lambda'' = \frac{2[y(x + p) + q(x - p)]}{(x - p)^2}$$

et comme l'équation (4) peut s'écrire

$$k^2 = \frac{(\lambda'' - \lambda')^2}{(1 + \lambda'\lambda'')^2} = \frac{(\lambda' + \lambda'')^2 - 4\lambda'\lambda''}{(1 + \lambda'\lambda'')^2},$$

il suffit d'y porter les valeurs de $\lambda' + \lambda''$ et de $\lambda'\lambda''$ pour que l'élimination se trouve effectuée. L'équation du lieu des points de rencontre des deux paraboles est donc

$$k^2 = \frac{\dfrac{4[y(x + p) + q(x - p)]^2}{(x - p)^4} - 4\dfrac{(y - q)^2}{(x - p)^2}}{\left[1 + \dfrac{(y - q)^2}{(x - p)^2}\right]^2},$$

ou

$$\frac{k^2}{4} = \frac{[y(x + p) + q(x - p)]^2 - (y - q)^2(x - p)^2}{[(x - p)^2 + (y - q)^2]^2}$$

et, toutes simplifications faites,

$$\frac{k^2}{4} = \frac{4xy[p(y-q)+qx]}{[(x-p)^2+(y-q)^2]^2},$$

qui représente une courbe du quatrième ordre.

9. *Étant donné un cercle de rayon r, on demande de trouver l'enveloppe d'une droite qui se déplace en faisant avec la tangente au point où elle rencontre le cercle un angle* θ.

Soit

$$x^2 + y^2 = r^2$$

l'équation du cercle prise par rapport à deux axes rectangulaires de coordonnées passant par son centre.

La droite de l'énoncé est une pseudo-normale au cercle, et son équation est par conséquent (T. II, p. 89)

$$(1) \qquad \frac{X - x}{y\cos\theta + x\sin\theta} = \frac{Y - y}{y\sin\theta - x\cos\theta}$$

ou, en développant et tenant compte de l'équation du cercle,

$$(2) \quad X(y\sin\theta - x\cos\theta) - Y(x\sin\theta + y\cos\theta) + r^2\cos\theta = 0.$$

Il faut chercher l'enveloppe de cette droite lorsque x et y varient en restant liés par la relation (1), c'est-à-dire lorsque le pied de la pseudo-normale décrit le cercle; et le problème à résoudre est analogue à la recherche de la développée d'une conique.

Il faut donc adjoindre à l'équation (2) sa dérivée prise par rapport au paramètre variable qu'elle contient, par exemple y considéré en vertu de l'équation (1) comme fonction de x; cette équation est donc

$$(3) \qquad (X\cos\theta + Y\sin\theta) + y'_x(X\sin\theta - Y\cos\theta) = 0,$$

et pour avoir l'équation du lieu, il suffit d'éliminer x et y

entre les équations (1), (2) et (3); la première donne

$$x + y y'_x = 0$$

et cette dernière, combinée avec (3),

$$\frac{X\cos\theta + Y\sin\theta}{X\sin\theta - Y\cos\theta} = -\frac{x}{y},$$

rapport duquel, par des combinaisons très simples, on tire les deux suivants, en tenant compte des relations (1) et (2),

$$\frac{X\cos\theta + Y\sin\theta}{r^2\cos\theta} = \frac{x}{r^2}$$

et

$$\frac{r^2\cos\theta}{Y\cos\theta - X\sin\theta} = \frac{r^2}{y}$$

qui déterminent x et y par les relations

$$x = \frac{X\cos\theta + Y\sin\theta}{\cos\theta},$$

$$y = \frac{Y\cos\theta - X\sin\theta}{\cos\theta},$$

valeurs que nous porterons dans (1).

L'équation du lieu cherché est donc

$$(X\cos\theta + Y\sin\theta)^2 + (Y\cos\theta - X\sin\theta)^2 = r^2\cos^2\theta$$

ou, calculs et réductions effectuées,

$$X^2 + Y^2 = r^2\cos^2\theta.$$

L'enveloppe de la pseudo-normale au cercle de rayon r est un second cercle, concentrique au premier, et de rayon

$$R = r\cos\theta.$$

Ce résultat était facile à prévoir géométriquement.

La droite AB (*fig.* 7), devant faire un angle constant θ avec la tangente en A, a nécessairement une longueur constante, elle sous-tend l'arc dont la mesure serait 2θ.

Cette corde roule donc sur le cercle concentrique au premier qui aurait pour rayon la perpendiculaire OK abaissée

Fig. 7.

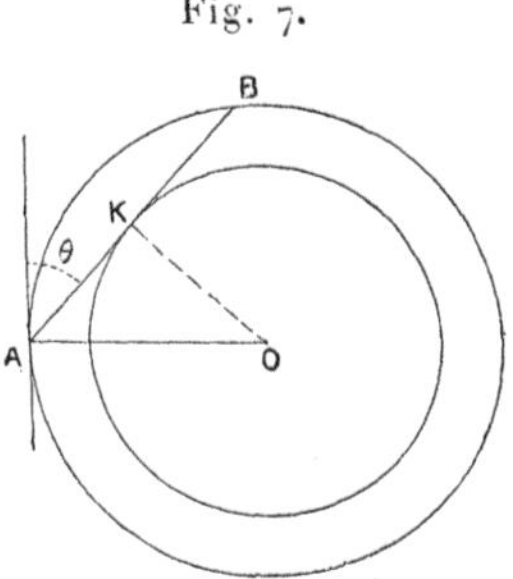

du centre O sur le milieu de AB et le triangle OKA donne immédiatement la valeur de OK,

$$OK = r \cos \theta.$$

C'est bien le résultat donné par l'analyse.

10. *Étant donnés une ellipse* A *et un point* P *dans son plan, on mène de ce point* P *des normales à l'ellipse* A, *et l'on considère la conique* B *qui passe par le point* P *et les pieds des quatre normales.*

Trouver le lieu des foyers de la conique B *quand l'ellipse* A *varie de manière que ses foyers restent fixes.*

(*École normale.* — Énoncé partiel; 1873.)

Les ellipses homofocales rapportées à leur centre et à leurs axes ont, comme équation générale, a et b étant des constantes,

$$\text{(A)} \qquad \frac{x^2}{a^2+\lambda} + \frac{y^2}{b^2+\lambda} - 1 = 0,$$

λ désignant un paramètre arbitraire.

La conique B n'est autre chose que l'hyperbole des normales relative au point P (p, q).

Son équation est donc

$$\frac{x-p}{\frac{x}{a^2+\lambda}} = \frac{y-q}{\frac{y}{b^2+\lambda}}$$

qui, développée, s'écrit, en posant $a^2 - b^2 = c^2$,

$$\text{(B)} \qquad c^2 xy + q(b^2+\lambda)x - p(a^2+\lambda)y = 0.$$

Le lieu des foyers de cette hyperbole s'obtiendra en éliminant le paramètre variable entre les équations des hyperboles aux foyers qui, pour une conique dont l'équation serait

$$Ax^2 + 2Bxy + Cy^2 + 2Dx + 2Ey + F = 0,$$

ont pour équations, (α, β) étant les coordonnées du foyer,

$$\left\{\begin{aligned} &(AC - B^2)\alpha\beta - (BD - AE)\alpha - (BE - CD)\beta + DE - BF = 0,\\ &(AC - B^2)(\alpha^2 - \beta^2) - 2(BE - CD)\alpha\\ &\quad + 2(BD - AE)\beta + (C - A)F + D^2 - E^2 = 0. \end{aligned}\right.$$

Dans le cas qui nous occupe

$$A = 0, \qquad B = \frac{c^2}{2}, \qquad C = 0, \qquad D = \frac{q(b^2+\lambda)}{2},$$

$$E = \frac{-p(a^2+\lambda)}{2}, \qquad F = .$$

Ces hyperboles deviennent donc

$$\left\{\begin{aligned} &c^4\alpha\beta + c^2 q(b^2+\lambda)\alpha\\ &\quad - c^2 p(a^2+\lambda)\beta + pq(a^2+\lambda)(b^2+\lambda) = 0,\\ &c^4(\alpha^2 - \beta^2) - 2pc^2(a^2+\lambda)\alpha\\ &\quad - 2c^2 q(b^2+\lambda)\beta - q^2(b^2+\lambda)^2 + p^2(a^2+\lambda)^2 = 0; \end{aligned}\right.$$

et cette dernière équation pouvant s'écrire

$$[c^2\beta + q(b^2+\lambda)]^2 - [c^2\alpha - p(a^2+\lambda)]^2 = 0,$$

les équations des hyperboles aux foyers seront

$$(1)\quad \left\{\begin{array}{l} c^4\alpha\beta + c^2 q(b^2+\lambda)\alpha \\ \qquad - c^2 p(a^2+\lambda)\beta + pq(a^2+\lambda)(b^2+\lambda) = 0, \\ {[c^2\beta + q(b^2+\lambda)]^2 - [c^2\alpha - p(a^2+\lambda)]^2 = 0.} \end{array}\right.$$

Cette dernière équation se décompose en un produit de deux facteurs et le lieu des foyers se dédouble en deux parties : l'une que l'on obtiendra en éliminant λ entre

$$(2)\quad \left\{\begin{array}{l} c^2[c^2\alpha\beta + q(b^2+\lambda)\alpha - p(a^2+\lambda)\beta] \\ \qquad\qquad + pq(a^2+\lambda)(b^2+\lambda) = 0, \\ c^2(\beta-\alpha) + q(b^2+\lambda) + p(a^2+\lambda) = 0, \end{array}\right.$$

l'autre en éliminant λ entre

$$(2')\quad \left\{\begin{array}{l} c^2[c^2\alpha\beta + q(b^2+\lambda)\alpha - p(a^2+\lambda)\beta] \\ \qquad\qquad + pq(a^2+\lambda)(b^2+\lambda) = 0, \\ c^2(\alpha+\beta) + q(b^2+\lambda) + p(a^2+\lambda) = 0; \end{array}\right.$$

et ce dédoublement du lieu des foyers était facile à prévoir, toutes les coniques (B) ayant mêmes directions d'axes.

Le système (2) ordonné par rapport à λ devient

$$\left\{\begin{array}{l} pq\lambda^2 + [c^2(q\alpha - p\beta) + pq(a^2+b^2)]\lambda \\ \qquad + c^2(c^2\alpha\beta + qb^2\alpha - pa^2\beta) + pqa^2b^2 = 0, \\ (p+q)\lambda + c^2(\beta-\alpha) + pa^2 + qb^2 = 0, \end{array}\right.$$

et l'élimination se fait immédiatement ; car, de la seconde de ces équations, on tire

$$\lambda = -\frac{c^2(\beta-\alpha) + pa^2 + qb^2}{p+q},$$

et cette valeur de λ portée dans la première équation donne finalement

$$\begin{aligned}pq[c^2(\beta-\alpha)+pa^2+qb^2]^2 \\ -(p+q)[c^2(q\alpha-p\beta)+pq(a^2+b^2)][c^2(\beta-\alpha)+pa^2+qb^2] \\ +(p+q)^2[c^2(c^2\alpha\beta+qb^2\alpha-pa^2\beta)+pqa^2b^2]=0.\end{aligned}$$

C'est l'équation d'une conique dont l'ensemble des termes du plus haut degré est

$$c^4pq(\beta-\alpha)^2+c^4(p+q)^2\alpha\beta-c^4(p+q)(\beta-\alpha)(q\alpha-p\beta)$$

ou, après réduction,

$$c^4[pq(\alpha^2+\beta^2)+(p+q)^2\alpha\beta-(p+q)(\beta-\alpha)(q\alpha-p\beta)].$$

Le discriminant de cette forme homogène en α et β serait

$$\delta=2c^4pq(p+q)^2,$$

qui ne peut s'annuler que si le point P est à l'origine ou sur la seconde bissectrice. Le premier lieu sera une ellipse quand le point P aura ses deux coordonnées de même signe ; des hyperboles dans le cas contraire. On aura donc des ellipses dans le premier et le troisième quadrant, des hyperboles dans le deuxième et le quatrième. Lorsque ce point est sur la seconde bissectrice, on a des paraboles ; enfin, lorsque P est sur l'un des axes, le lieu se réduit à une double droite confondue avec cet axe.

En opérant de la même manière sur les équations (2′), on trouve pour résultat de l'élimination de λ

$$\begin{aligned}pq[c^2(\alpha+\beta)+qb^2-pa^2]^2 \\ -(q-p)[c^2(q\alpha-p\beta)+pq(a^2+b^2][c^2(\alpha+\beta)+qb^2-pa^2] \\ +(q-p)^2[c^2(c^2\alpha\beta+qb^2\alpha-pa^2\beta)+pqa^2b^2]=0.\end{aligned}$$

C'est encore une conique dont l'ensemble des termes du second degré est

$$c^4[pq(\alpha+\beta)^2-(q-p)(q\alpha-p\beta)(\alpha+\beta)+(q-p)^2\alpha\beta],$$

et le discriminant des termes du plus haut degré sera cette fois

$$\delta = -2pqc^4(p-q)^2,$$

qui ne s'annule que lorsque le point P est sur la première bissectrice. Contrairement au cas précédent, l'équation qui nous occupe représente des ellipses quand le point P est situé dans le deuxième et le quatrième quadrant; ce sont des hyperboles quand il est dans le premier ou le troisième; enfin des paraboles quand le point P est sur la première bissectrice.

De même que dans le cas précédent, lorsque le point P est sur l'un des axes, le lieu se réduit à une double droite qui est l'axe lui-même.

11. *On donne trois points fixes* A, B, C *et une droite fixe* AN *passant par le point* A. *Trouver le lieu du point de contact des droites parallèles à* AN *et tangentes aux coniques circonscrites au triangle* ABC *et touchant la droite* AN.

Ce lieu est une conique : on demande le lieu des foyers de ces coniques quand la position de la droite AN *varie.*

(*École Normale.* — 1863.)

1° Prenons comme axes des coordonnées les droites AC et AB (*fig.* 8); appelons a la longueur AB et b la longueur AC,

$$mx + ny = 0$$

sera l'équation de la droite AN; et l'équation générale des coniques tangentes à l'origine à cette droite sera de la forme

$$Ax^2 + 2Bxy + Cy^2 - (mx + ny) = 0;$$

ces coniques doivent passer en B, on a donc la condition

$$Aa^2 - ma = 0$$

et, comme elles passent au point C, nous aurons aussi

$$Cb^2 - nb = 0;$$

en tenant compte de ces deux relations de condition, l'équation générale des coniques devient

$$\frac{m}{a}x^2 + 2\lambda xy + \frac{n}{b}y^2 - (mx + ny) = 0,$$

équation que l'on peut écrire

$$(1) \qquad bmx^2 + 2ab\lambda\, xy + nay^2 - ab(mx + ny) = 0.$$

Les points de contact des tangentes parallèles à une cer-

Fig. 8.

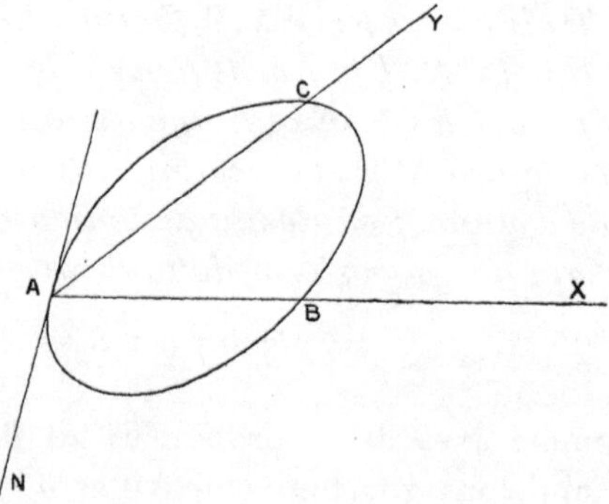

taine direction étant au point de rencontre de la courbe avec le diamètre conjugué à cette direction de cordes, il suffit d'éliminer λ entre l'équation de la courbe et celle du diamètre conjugué à la direction de cordes AN.

L'équation de ce diamètre est

$$nf'_x - mf'_y = 0$$

ou

$$\frac{2bmx + 2ab\lambda y - abm}{m} = \frac{2ab\lambda x + 2any - abn}{n},$$

et, en développant et simplifiant,

$$(2) \qquad ab(mx - ny)\lambda + mn(ay - bx) = 0.$$

Il reste à éliminer λ entre (2) et (1). L'équation ordonnée par rapport à λ devient

$$2abxy\lambda + bmx^2 + any^2 - ab(mx + ny) = 0$$

et le résultat de l'élimination est, en supprimant le facteur ab,

$$(mx - ny)[bmx^2 + any^2 - ab(mx + ny)] \\ - 2mn\,xy(ay - bx) = 0.$$

C'est l'équation cherchée ; en ordonnant, elle devient

$$(mx + ny)(any^2 - bmx^2) + ab(m^2x^2 - n^2y^2) = 0$$

ou, plus simplement,

$$(3) \quad (mx + ny)[any^2 - bmx^2 + ab(mx - ny)] = 0.$$

Le lieu des points de contact des tangentes parallèles à

$$mx + ny = 0$$

se décompose donc en deux :

$$\begin{cases} mx + ny = 0, \\ any^2 - bmx^2 + ab(mx - ny) = 0\,; \end{cases}$$

soit la droite AN elle-même et une conique dont l'équation

$$(4) \qquad any^2 - bmx^2 + ab(mx - ny) = 0$$

dépend de la direction de la droite AN.

2° *Lieu des foyers.* — Si l'on suppose la droite AN mobile et si l'on désigne par θ son coefficient angulaire, l'équation (4) deviendra

$$(4') \qquad ay^2 + b\theta x^2 - ab(\theta x + y) = 0$$

et représentera un faisceau de coniques dont il s'agit maintenant de trouver le lieu des foyers. Nous allons à cet effet chercher le lieu des points (α, β) du plan d'où l'on peut mener à la conique des tangentes isotropes, ce qui conduit à former d'abord l'équation tangentielle des coniques représentées par l'équation (4'). Celle-ci s'obtient en écrivant que l'équation

$$ay^2 + b\theta x^2 - ab(\theta x + y)(ux + vy) = 0$$

qui représente le faisceau des droites joignant l'origine aux points d'intersection de (4') avec la droite $ux + vx = 1$, a une racine double, c'est-à-dire

$$4\theta(1 - au - bv) - ab(u - \theta v)^2 = 0,$$

qui est l'équation tangentielle demandée.

L'équation donnant les coefficients angulaires des tangentes menées d'un point (α, β) à la courbe est donc

$$4\theta(u\alpha + v\beta)^2 - 4\theta(au + bv)(u\alpha + v\beta) - ab(u - \theta v)^2 = 0;$$

et pour que le point $M(\alpha, \beta)$ soit un foyer, il faut que cette équation se réduise à

$$(5) \qquad u^2 + 2uv\cos\varphi + v^2 = 0,$$

φ étant l'angle des axes de coordonnées.

Il en résulte les équations

$$\frac{4\theta\alpha(\alpha - a) - ab}{1} = \theta\,\frac{4\alpha\beta - 2(a\beta + b\alpha) + ab}{\cos\varphi} = \frac{\theta[4\beta(\beta - b) - ab\theta]}{1};$$

et l'élimination du paramètre θ entre ces deux équations nous donnera la relation entre α et β nécessaire et suffisante pour que l'équation (5) soit vérifiée, c'est-à-dire précisément le lieu des foyers cherché.

Cette élimination se fait de suite et l'on obtient pour résultat

$$a^2 b^2 \cos^2\varphi - \{4\beta(\beta - b)\cos\varphi - 2[\beta(a-\alpha) + \alpha(b-\beta)] - ab\}$$
$$\times \{4\alpha(\alpha - a)\cos\varphi - 2[\beta(a-\alpha) + \alpha(b-\beta)] - ab\} = 0,$$

qui s'écrit, en changeant α en x et β en y,

$$0 = \{4y(y-b)\cos\varphi + 2[y(x-a) + x(y-b)] - ab\}$$
$$\times \{4x(x-a)\cos\varphi + 2[y(x-a) + x(y-b)] - ab\} - a^2 b^2 \cos^2\varphi,$$

lieu du quatrième degré dont l'ensemble des termes d'ordre le plus élevé est

$$16(y^2\cos\varphi + xy)(x^2\cos\varphi + xy)$$

et dont par suite les asymptotes sont parallèles aux droites

$$x = 0,$$
$$y = 0,$$
$$y\cos\varphi + x = 0,$$
$$x\cos\varphi + y = 0.$$

La méthode exposée dans la résolution de ce problème est d'une absolue généralité et l'on peut voir qu'elle mène au but sans accident et sans qu'il soit nécessaire de s'écarter en quoi que ce soit de l'application pure et simple des méthodes générales.

Cependant quelques remarques faites pendant l'exécution des calculs peuvent parfois en abréger singulièrement la longueur ou la difficulté et rendre plus aisée la discussion des résultats. Ceux de nos lecteurs qui voudront bien se reporter à la solution qu'a donnée M. Painvin du même problème (*Nouvelles Annales*, 2e Série, t. III, p. 357) y trouveront un exemple intéressant de ces simplifications qui ajoutent toujours à l'élégance de la solution.

12. *On donne une ellipse rapportée à ses axes*

$$a^2y^2 + b^2x^2 - a^2b^2 = 0$$

et dans son plan un point P *de coordonnées* p, q *par lequel on mène deux droites parallèles aux bissectrices des angles des axes.*

On considère toutes les coniques qui passent par les points d'intersection de ces droites avec l'ellipse. 1° *Écrire l'équation générale de ces coniques, et trouver le lieu de leurs centres.* (*On distinguera les portions du lieu correspondant à des centres d'ellipses et celles correspondant à des centres d'hyperboles.*)

2° *On prend la polaire de l'origine des coordonnées par rapport à chacune des coniques, et l'on abaisse du point* P *une perpendiculaire sur cette polaire; lieu du pied de ces perpendiculaires.*

3° *Parmi les coniques considérées, se trouvent deux paraboles; trouver leurs foyers pour une position donnée du point* P *et les lieux de ces foyers quand le point* P *parcourt* 1° *une des bissectrices des axes de l'ellipse donnée;* 2° *la circonférence circonscrite au rectangle des axes de cette ellipse.*

(*École Centrale.* — 1888.)

1° Considérons l'ellipse proposée

$$(1) \qquad b^2x^2 + a^2y^2 - a^2b^2.$$

Les équations de deux droites, respectivement parallèles aux bissectrices et passant par le point P (p, q), sont

$$y - q - (x - p) = 0$$

et

$$y - q + (x - p) = 0.$$

L'équation générale des coniques passant par les points

d'intersection de l'ellipse (1) et des deux droites précédentes est donc

$$(2) \quad b^2x^2 + a^2y^2 - a^2b^2 + \lambda[(y-q)^2 - (x-p)^2] = 0,$$

λ désignant un paramètre variable.

L'équation du lieu des centres de ces coniques s'obtiendra en éliminant le paramètre λ entre les équations

$$(3) \quad \begin{cases} b^2x - \lambda(x-p) = 0, \\ a^2y + \lambda(y-q) = 0, \end{cases}$$

ce qui donne

$$(4) \quad b^2x(y-q) + a^2y(x-p) = 0$$

ou, en développant,

$$(\text{H}) \quad (a^2+b^2)xy - qb^2x - pa^2y = 0.$$

C'est une hyperbole équilatère dont les asymptotes sont parallèles aux axes de coordonnées, résultat qui était à prévoir, car les droites (3) passent respectivement par un point fixe qui, dans le cas actuel, est rejeté à l'infini et elles se correspondent homographiquement. Le lieu de leurs points de rencontre est donc une conique. Cette hyperbole passe en outre par l'origine des coordonnées où elle a pour tangente la droite

$$qb^2x + pa^2y = 0$$

et a son centre au point

$$x_1 = \frac{pa^2}{a^2+b^2}, \qquad y_1 = \frac{qb^2}{a^2+b^2};$$

il est donc facile de la construire.

Il s'agit maintenant de savoir quels sont les points du lieu qui correspondent à des centres d'ellipses et ceux qui correspondent à des centres d'hyperboles.

Reprenons l'équation (2). L'ensemble des termes du second degré est

$$(b^2-\lambda)x^2 + (a^2+\lambda)y^2 + \ldots.$$

Les courbes du système seront donc des ellipses, si l'on a

$$(b^2-\lambda)(a^2+\lambda)>0,$$

des hyperboles dans le cas contraire.

Comme cas de transition, ce sont des paraboles quand

$$(b^2-\lambda)(a^2+\lambda)=0;$$

il y a donc deux paraboles dans le faisceau, elles correspondent aux valeurs

$$\lambda_1=b^2,$$
$$\lambda_1=-a^2,$$

et pour chacune d'elles le centre s'éloigne à l'infini dans la direction des asymptotes de l'hyperbole (H).

Les coordonnées du centre d'une des coniques du faisceau s'expriment en fonction du paramètre variable par les formules

$$x=-\frac{p\lambda}{b^2-\lambda},$$

$$y=\frac{q\lambda}{a^2+\lambda}.$$

Quand λ prend successivement toutes les valeurs de $-\infty$ à $+\infty$, les valeurs de x et y sont consignées au Tableau suivant :

λ	$-\infty$	$-a^2$	$+b^2$	$+\infty$
x	p	$\frac{pa^2}{a^2+b^2}$	$-\infty \mid +\infty$	$+p$;
y	q	$+\infty \mid -\infty$	$\frac{qb^2}{a^2+b^2}$	q

Donc, quand λ varie de $-\infty$ à $-a^2$, le point M décrit la portion de la courbe comprise entre le point P et l'asymptote verticale. Puis λ variant de $-a^2$ à $+b^2$, le point générateur décrit toute la branche de gauche de l'hyperbole et enfin quand λ varie de b^2 à ∞, le point générateur décrit la portion de courbe comprise entre l'asymptote horizontale et le point P.

Si l'on considère d'autre part le signe du produit

$$(b^2 - \lambda)(a^2 + \lambda),$$

dans ces mêmes intervalles, on voit que

de $-\infty$ à $-a^2$, le produit est < 0,
de $-a^2$ à $+b^2$, le produit est > 0,
et de $+b^2$ à $+\infty$, il redevient < 0.

Donc la portion de courbe comprise entre P et l'asymptote correspond à des centres d'hyperboles, ainsi que la portion comprise entre l'asymptote horizontale et le point P, c'est-à-dire, en résumé, toute la branche de droite de l'hyperbole (H). La branche de gauche correspond, au contraire, à des centres d'ellipses.

Parmi ces derniers se trouveront des centres de cercles, s'il y en a parmi les coniques du faisceau.

Les cercles du faisceau seront donnés par les valeurs de λ qui vérifieraient la relation

$$b^2\lambda = a^2 + \lambda$$

ou bien

$$\lambda = -\frac{a^2 + b^2}{2},$$

et les coordonnées du centre de ce cercle unique seraient

$$x_1 = \frac{p(a^2 - b^2)}{a^2 + b^2},$$

$$y_1 = -\frac{q(a^2 - b^2)}{a^2 + b^2}.$$

Enfin, l'hyperbole lieu des centres se réduit à un système de deux droites rectangulaires quand le point P est sur l'un des axes.

Cette séparation sur le lieu des centres des portions afférentes aux centres d'ellipses et aux centres d'hyperboles, peut se faire également en appliquant la méthode très générale exposée dans la Note, T. I, p. 303.

Lorsque λ varie de $-\infty$ à $+\infty$, on rencontre les valeurs de λ suivantes :

$$\lambda \mid -\infty, \qquad -a^2, \qquad +b^2, \qquad +\infty,$$

qui produisent un changement dans le signe de la fonction

$$(b^2 - \lambda)(a^2 + \lambda).$$

Au premier et au dernier de ces intervalles correspondent des hyperboles, au second des ellipses.

On peut considérer le lieu des centres comme engendré par l'intersection de l'hyperbole

$$\text{(H)} \qquad (a^2 + b^2)xy - qb^2x - pa^2y = 0,$$

avec l'une quelconque des droites (3), par exemple

$$x(b^2 - \lambda) + \lambda p = 0;$$

et, lorsque λ varie de $-\infty$ à $-a^2$, cette droite varie de la position

$$x = p$$

à

$$x = \frac{pa^2}{a^2 + b^2}$$

qui est l'asymptote verticale de l'hyperbole lieu des centres : λ variant de $-a^2$ à $+b^2$, la droite se déplace donc parallèlement à elle-même de

$$x = \frac{pa^2}{a^2 + b^2}$$

à l'infini négatif, et si λ varie de b^2 à $+\infty$, la droite se déplace parallèlement à elle-même de l'infini positif à la position

$$x = p.$$

Les deux droites

$$x - p = 0, \qquad x - \frac{pa^2}{a^2 + b^2} = 0$$

découpent donc l'hyperbole en trois tronçons correspondant chacun à un des intervalles de variations de λ.

Le premier et le dernier correspondent à des centres

Fig. 9.

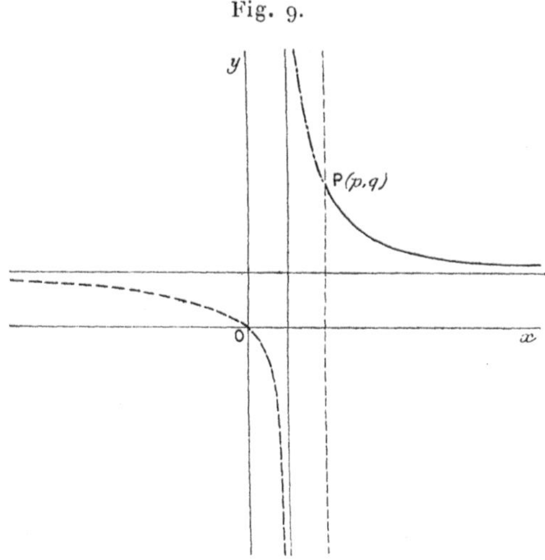

d'hyperboles. Ils forment à eux deux la branche de droite de la courbe.

Le second correspond à des centres d'ellipses.

Il est composé de la branche inférieure de l'hyperbole.

2° Reprenons l'équation générale de nos coniques.

$$(2) \qquad b^2x^2 + a^2y^2 - a^2b^2 + \lambda[(y-q)^2 - (x-p)^2] = 0.$$

La polaire de cette conique par rapport à l'origine est

$$\lambda[-q(y-q) + p(x-p)] - a^2b^2 = 0,$$

et son coefficient angulaire, $\frac{p}{q}$, est indépendant de λ; les polaires de l'origine par rapport aux diverses coniques du faisceau sont donc des droites parallèles, et si du point P on abaisse une perpendiculaire sur ces diverses polaires, le lieu des pieds de ces perpendiculaires successives n'est autre que la perpendiculaire elle-même, c'est-à-dire

$$\frac{y-q}{x-p} = -\frac{q}{p},$$
$$qx + py - 2pq = 0.$$

Cette droite est parallèle à la diagonale du rectangle construit sur les coordonnées du point P; elle passe par le point P, on peut donc la construire aisément.

3° Parmi les coniques du faisceau se trouvent, comme on l'a vu plus haut, deux paraboles correspondant aux valeurs de λ,

$$\lambda_1 = b^2, \qquad \lambda_2 = -a^2.$$

Les équations de ces paraboles seront donc

$$b^2x^2 + a^2y^2 - a^2b^2 + b^2[(y-q)^2 - (x-p)^2] = 0$$

et

$$b^2x^2 + a^2y^2 - a^2b^2 - a^2[(y-q)^2 - (x-p)^2] = 0,$$

qui peuvent s'écrire

$$(5) \qquad (a^2 + b^2)y^2 + b^2(2px - 2qy + q^2 - p^2 - a^2) = 0$$

et

$$(6) \qquad (a^2 + b^2)x^2 - a^2(2px - 2qy - p^2 + q^2 + b^2) = 0,$$

l'une de ces paraboles ayant son axe parallèle à l'axe Ox, l'autre à l'axe Oy.

Les coordonnées α, β du foyer de la première sont données par l'intersection des deux droites

$$pb^2[(a^2 + b^2)\beta - b^2q] = 0$$

et

$$(a^2+b^2)[(a^2+b^2)\beta^2+b^2(2p\alpha-2q\beta+q^2-p^2-a^2)] \\ +b^4p^2-[(a^2+b^2)\beta-b^2q]^2=0$$

qui s'écrivent, simplifications effectuées,

$$\begin{cases} (a^2+b^2)\beta=b^2q, \\ 2p(a^2+b^2)\alpha=a^2(a^2+b^2-q^2+p^2), \end{cases}$$

et d'où l'on tire les coordonnées du foyer

$$(7)\qquad \begin{cases} \alpha=\dfrac{a^2(a^2+b^2-q^2+p^2)}{2p(a^2+b^2)}, \\ \beta=\dfrac{b^2q}{a^2+b^2}. \end{cases}$$

Les coordonnées du foyer de la seconde parabole se déduiraient aisément de celles-ci, il suffirait de changer α en β, a en b, et p en q; elles seraient données d'ailleurs par les équations

$$\begin{cases} (a^2+b^2)\alpha=pa^2, \\ (a^2+b^2)[(a^2+b^2)\alpha^2-a^2(2p\alpha-2q\beta-p^2+q^2+b^2)] \\ \qquad -[(a^2+b^2)\alpha-a^2p]^2+a^4q^2=0, \end{cases}$$

qui deviennent

$$\begin{cases} (a^2+b^2)\alpha=pa^2, \\ 2q(a^2+b^2)\beta=b^2(a^2+b^2-p^2+q^2), \end{cases}$$

et donnent pour coordonnées du second foyer

$$(8)\qquad \alpha_1=\frac{pa^2}{(a^2+b^2)},\qquad \beta_1=\frac{b^2(a^2+b^2-p^2+q^2)}{2q(a^2+b^2)}.$$

Si le point P parcourt par exemple la première bissectrice

des axes de coordonnées, $p = q$, et l'on trouve pour les foyers de la parabole (5) les valeurs

$$\alpha = \frac{a^2}{2p}, \qquad \beta = \frac{b^2 p}{a^2 + b^2};$$

en éliminant p entre ces deux équations, on a le lieu des foyers de ces paraboles quand le point P décrit la première bissectrice, et ce lieu a pour équation

$$\alpha\beta - \frac{a^2 b^2}{2(a^2 + b^2)} = 0.$$

C'est une hyperbole équilatère d'asymptotes parallèles aux axes de coordonnées et dont le centre est à l'origine.

Dans les mêmes conditions, les coordonnées (8) du foyer des paraboles (6), quand le point P décrit la première bissectrice, deviennent

$$\alpha = \frac{pa^2}{a^2 + b^2} \qquad \beta = \frac{b^2}{2p},$$

et en éliminant p entre ces deux équations, on trouve également pour lieu des foyers

$$\alpha\beta - \frac{a^2 b^2}{2(a^2 + b^2)} = 0.$$

Le lieu des foyers des paraboles de la première série, et celui des foyers des paraboles de la deuxième série coïncident donc quand le point P décrit la première bissectrice.

Quand le point P décrit le cercle circonscrit au rectangle des axes de l'ellipse (1), il existe entre les coordonnées p et q de ce point la relation

$$(9) \qquad p^2 + q^2 = a^2 + b^2,$$

et les équations (7) deviennent

$$(10) \qquad \alpha = \frac{a^2 p}{a^2 + b^2}, \qquad \beta = \frac{b^2 q}{a^2 + b^2};$$

en éliminant p et q entre les équations (9) et (10), on trouve pour lieu des foyers des paraboles (5), quand le point P décrit la circonférence,

$$\frac{(a^2+b^2)^2\alpha^2}{a^4} + \frac{(a^2+b^2)^2\beta^2}{b^4} - (a^2+b^2) = 0$$

ou bien

$$\frac{\alpha^2}{\frac{a^4}{a^2+b^2}} + \frac{\beta^2}{\frac{b^4}{a^2+b^2}} - 1 = 0.$$

Le lieu est donc une ellipse concentrique à l'ellipse de l'énoncé, ayant mêmes directions d'axes, pour longueur de ses axes

$$\frac{a^2}{(a^2+b^2)^{\frac{1}{2}}} \quad \text{et} \quad \frac{b^2}{(a^2+b^2)^{\frac{1}{2}}}.$$

L'élimination de p et q entre les équations (8) modifiées par l'introduction de la condition (9) conduirait identiquement au même résultat. Ici encore le lieu des foyers des paraboles de la seconde série coïncide avec le lieu des foyers des paraboles de la première série quand le point P se déplace sur le cercle circonscrit au rectangle des axes de l'ellipse (1).

On peut remarquer en passant que la différence des carrés des axes de l'ellipse lieu des foyers

$$\frac{a^4}{a^2+b^2} - \frac{b^4}{a^2+b^2} = a^2 - b^2.$$

est précisément la différence des carrés des axes de l'ellipse (2); par conséquent ces deux ellipses sont *homofocales*.

13. *On donne dans un plan un point* ω *fixe et deux axes rectangulaires fixes* Ox, Oy. *Par le point* ω *on fait passer deux droites rectangulaires rencontrant* Ox *en* B *et* D *et* Oy *en* A *et* C. *Par les points* A *et* B *on fait passer une parabole* P *tangente aux axes* Ox *et* Oy *en ces points;*

par les points C *et* D *on fait passer une parabole* P′ *tangente aux axes* Ox *et* Oy *en ces points.*

On fait tourner les droites rectangulaires AB, CD *autour du point* ω *et l'on demande :*

1° *Les équations des paraboles* P, P′ *de leurs axes et de leurs directrices ;*

2° *L'équation du lieu du point de concours des axes et des directrices ;*

3° *On prouvera que la distance des foyers est constante.*

(*École Polytechnique.* — Énoncé partiel ; 1887.)

1° Soient (p, q) les coordonnées du point ω :

Fig. 10.

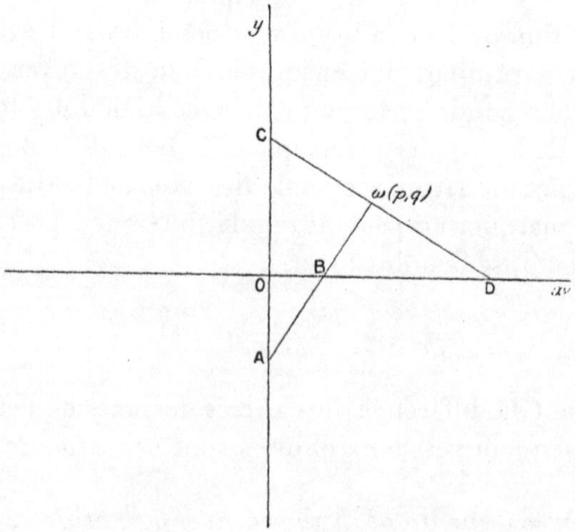

Les deux droites AB et CD (*fig.* 10) ont pour équations

(AB) $$y - q - \lambda(x - p) = 0,$$

(CD) $$\lambda(y - q) + x - p = 0,$$

λ désignant un paramètre variable, puisque ces deux droites sont rectangulaires.

Par suite toutes les coniques qui sont tangentes en A à OA et en B à OB auront pour équation

$$2xy + \mu[y - q - \lambda(x - p)]^2 = 0,$$

μ désignant un nouveau paramètre variable, et comme dans le cas actuel ces coniques doivent être uniquement des paraboles, λ et μ doivent être reliés par la relation

$$\mu^2\lambda^2 - (\lambda\mu - 1)^2 = 0,$$

qui donne

$$\mu = \frac{1}{2\lambda},$$

et les paraboles tangentes en A à OA et en B à OB ont pour équation générale

$$2xy + \frac{1}{2\lambda}[(y - q) - \lambda(x - p)]^2 = 0$$

ou bien

$$(1)\ (P) \quad (y + \lambda x)^2 + 2(\lambda p - q)(y - \lambda x) + (\lambda p - q)^2 = 0.$$

En opérant absolument de la même manière, on trouve pour équation générale des paraboles P′ tangentes à Ox en D et à Oy en C

$$(2)\ (P') \quad (x - \lambda y)^2 - 2(\lambda q + p)(x + \lambda y) + (\lambda q + p)^2 = 0.$$

Les axes de ces paraboles s'obtiennent aisément. Prenons par exemple les paraboles du premier système représentées par l'équation (P); si $F(x, y) = 0$ représente l'équation d'une parabole, l'équation de son axe est

$$AF'_x + BF'_y = 0,$$

c'est-à-dire, dans le cas présent,

$$\lambda[\lambda(y + \lambda x) - \lambda(\lambda p - q)] + [(y + \lambda x) + (\lambda p - q)] = 0$$

ou

$$(3) \qquad (\lambda^2+1)(y+\lambda x)+(\lambda^2-1)(q-\lambda p)=0.$$

En opérant de même, on trouve pour équation des axes des paraboles P'

$$(3') \qquad (\lambda^2+1)(x-\lambda y)+(\lambda^2-1)(\lambda q+p)=0.$$

L'équation de la directrice de l'une de ces paraboles, par exemple de la parabole P, s'obtient en remarquant que la directrice est la polaire du foyer.

Les foyers des paraboles P sont à chaque instant à l'intersection de l'axe (3) et de la courbe

$$4BF(\alpha,\beta)-F'_\alpha F'_\beta=0,$$

$$4\lambda[(\lambda\alpha+\beta)^2-2(q-\lambda p)(\beta-\lambda\alpha)+(\lambda p-q)^2]$$
$$-4\lambda[\beta+\lambda\alpha-(\lambda p-q)][(\beta+\lambda\alpha)+\lambda p-q]=0$$

qui peut s'écrire, après simplifications,

$$(q-\lambda p)(\beta-\lambda\alpha)-(\lambda p-q)^2=0.$$

Les coordonnées des foyers des paraboles du système F sont donc les valeurs de α et β qui satisfont aux relations

$$\left\{\begin{aligned}&\beta-\lambda\alpha-(\lambda p-q)=0,\\&\beta+\lambda\alpha+\frac{\lambda^2-1}{\lambda^2+1}(q-\lambda p)=0\end{aligned}\right.$$

et ont, par conséquent, pour valeurs respectives

$$(4) \qquad \left\{\begin{aligned}&\alpha=-\frac{\lambda(q-\lambda p)}{\lambda^2+1},\\&\beta=\frac{q-\lambda p}{\lambda^2+1}.\end{aligned}\right.$$

Un calcul identique donnerait pour les coordonnées des

foyers des paraboles du système P′

$$(4') \qquad \left\{ \begin{aligned} \alpha' &= \frac{p + \lambda q}{\lambda^2 - 1}, \\ \beta' &= \frac{\lambda(p + \lambda q)}{\lambda^2 + 1}. \end{aligned} \right.$$

L'équation de la polaire du foyer par rapport aux paraboles P, c'est-à-dire de leur directrice, est dès lors

$$\begin{aligned} &\frac{\lambda(q - \lambda p)}{\lambda^2 + 1}[\lambda(y + \lambda x) - \lambda(\lambda p - q)] \\ &\quad - \frac{q - \lambda p}{\lambda^2 + 1}[(y + \lambda x) + (\lambda p - q)] \\ &\quad - (\lambda p - q)(y - \lambda x) - (\lambda p - q)^2 = 0, \end{aligned}$$

et se réduit à

$$(q - \lambda p)[(1 - \lambda^2)(\lambda x + y) - (1 + \lambda^2)(y - \lambda x)] = 0$$

ou

$$(5) \qquad x - \lambda y = 0,$$

et le même calcul donne pour la directrice des paraboles P′ l'équation

$$(5') \qquad y + \lambda x = 0.$$

Ces droites passent par l'origine, quelle que soit la parabole du système à laquelle elles sont relatives, et pour les paraboles de chaque système qui correspondent à une même valeur de λ elles sont perpendiculaires l'une sur l'autre, ce qui était à prévoir puisque les axes des paraboles P et P′ sont respectivement rectangulaires.

La directrice d'une parabole du premier système, pour une certaine valeur de λ, est donc parallèle à l'axe de la parabole du second système correspondant à cette valeur de λ.

2° Le lieu du point de concours des axes et des directrices s'obtiendra en éliminant le paramètre variable entre l'équation d'un des axes, et celle de la directrice correspondante, c'est-à-dire entre les équations

$$\left\{\begin{array}{l}(\lambda x+y)(\lambda^2+1)+(\lambda^2-1)(q-\lambda p)=0,\\ x-\lambda y=0;\end{array}\right.$$

l'équation du lieu des points de concours des axes et directrices des paraboles P est donc

$$(6) \qquad (x^2+y^2)^2+(x^2-y^2)(qy-px)=0.$$

De même, le lieu correspondant pour les paraboles P′ s'obtient en éliminant λ entre

$$\left\{\begin{array}{l}(\lambda^2+1)(x-\lambda y)+(\lambda^2-1)(p+\lambda q)=0,\\ y+\lambda x=0,\end{array}\right.$$

ce qui donne pour équation de ce lieu

$$(6') \qquad (x^2+y^2)^2+(y^2-x^2)(px-qy)=0.$$

Cette équation est identique à la précédente. Le lieu du point de rencontre des axes et directrices est donc le même pour les paraboles de l'un et l'autre système.

Cette courbe a des directions asymptotiques imaginaires : les directions isotropes du plan. Elle a un point triple à l'origine avec trois tangentes réelles qui ont respectivement pour équations

$$\begin{array}{c}x-y=0,\\ x+y=0,\\ qy-px=0,\end{array}$$

c'est-à-dire les deux bissectrices des axes de coordonnées et une droite perpendiculaire à la diagonale du rectangle construit sur les coordonnées du point P (p, q).

Cette courbe est donc unicursale et les coordonnées d'un de ses points s'écriront, en posant $y = tx$,

$$x = \frac{(p - qt)(1 - t^2)}{(1 + t^2)^2},$$

$$y = \frac{t(p - qt)(1 - t^2)}{(1 + t^2)^2},$$

formules qui permettront, en faisant varier t de $-\infty$ à $+\infty$, d'obtenir les valeurs des coordonnées des divers points de la courbe.

On voit en outre que la courbe rencontre les axes aux points de coordonnées $x = p$ et $y = q$.

Au lieu de prendre le lieu des points de rencontre de la directrice et de l'axe correspondant à une parabole de même système, on peut se proposer de chercher le lieu décrit par le point de rencontre de l'axe d'une parabole de l'un des systèmes avec une directrice de l'autre. Mais les axes des paraboles d'un système sont respectivement parallèles aux directrices de l'autre, et, si l'on résout le problème analytiquement, on en amené à éliminer λ entre

$$\left\{\begin{array}{l}(\lambda x + y)(\lambda^2 + 1) + (\lambda^2 - 1)(q - \lambda p) = 0,\\ \lambda x + y = 0,\end{array}\right.$$

d'une part, et

$$\left\{\begin{array}{l}(\lambda^2 + 1)(x - \lambda y) + (\lambda^2 - 1)(p + \lambda q) = 0,\\ x - \lambda y = 0\end{array}\right.$$

de l'autre.

Dans les deux cas, l'élimination aboutit à l'équation suivante

$$(7) \qquad (x^2 - y^2)(py + qx) = 0;$$

c'est-à-dire que, dans ce cas, le lieu du point de rencontre se compose de trois droites dont les équations sont respectivement

$$x + y = 0,$$
$$x - y = 0,$$
$$py + qx = 0.$$

Ces trois droites sont donc les deux bissectrices des axes de coordonnées et la diagonale AB du rectangle construit sur les coordonnées du point ω.

Ces droites correspondent à des valeurs de λ,

$$\lambda = 1, \qquad \lambda = -1, \qquad \lambda = \frac{q}{p}$$

dans le premier cas par exemple, et proviennent de ce fait que, pour de telles valeurs de λ, l'axe de l'une des paraboles coïncide dans toute son étendue avec la directrice de l'autre et fait, par conséquent, partie du lieu.

3° Les foyers des paraboles P et P' ont pour coordonnées respectivement

$$\left\{\begin{aligned} \alpha &= -\frac{\lambda(q - \lambda p)}{\lambda^2 + 1}, \\ \beta &= \frac{q - \lambda p}{\lambda^2 + 1}, \end{aligned}\right.$$

$$\left\{\begin{aligned} \alpha' &= \frac{p + \lambda q}{\lambda^2 + 1}, \\ \beta' &= \frac{\lambda(p + \lambda q)}{\lambda^2 + 1}. \end{aligned}\right.$$

La distance des foyers de deux paraboles correspondant à une même valeur de λ dans les deux systèmes sera donc

$$d_2 = \left[\frac{p + \lambda q + \lambda(q - \lambda p)}{\lambda^2 + 1}\right]^2 + \left[\frac{\lambda(p + \lambda q) - (q - \lambda p)}{\lambda^2 + 1}\right]^2,$$

c'est-à-dire

$$d^2 = p^2 + q^2.$$

La distance des foyers est donc constante et égale à

$$(p^2 + q^2)^{\frac{1}{2}},$$

c'est-à-dire à la distance du point P à l'origine des coordonnées.

CHAPITRE II.

GÉOMÉTRIE A TROIS DIMENSIONS.

1. *Étant donné le cercle*

$$(1)\quad \begin{cases} x + y + z = 1, \\ x^2 + y^2 + z^2 - R^2 = 0, \end{cases}$$

trouver l'équation des paraboloïdes passant par ce cercle et par l'origine des coordonnées.

(*École Polytechnique.* — Oral; admissibilité. 1889.)

Toutes les surfaces qui passent par ce cercle coupent la sphère

$$x^2 + y^2 + z^2 - R^2 = 0$$

suivant une seconde courbe plane.

Soit

$$x \cos\alpha + y \cos\beta + z \cos\gamma - d = 0$$

l'équation du plan de cette courbe, les surfaces qui passent par le cercle (1) auront pour équation générale

$$(1)\quad x^2 + y^2 + z^2 - R^2 + \theta(x + y + z - 1)(x \cos\alpha + y \cos\beta + z \cos\gamma - d) = 0,$$

θ désignant un paramètre variable.

Or, d'après l'énoncé, les paraboloïdes doivent passer par l'origine, ce qui exige que l'on ait

$$-R^2 + \theta d = 0,$$

et l'équation (1) devient

$$(2)\quad x^2+y^2+z^2-R^2 + \frac{R^2}{d}(x+y+z-1)(x\cos\alpha+y\cos\beta+z\cos\gamma-d)=0$$

dans laquelle α, β, γ sont encore variables.

Il s'agit maintenant d'exprimer que ces surfaces sont des paraboloïdes. Il faut pour cela que le discriminant Δ de la forme homogène qui constitue l'ensemble des termes du second degré de l'équation (2) soit nul.

L'équation (2) ordonnée s'écrit

$$\begin{aligned} & x^2\left(1+\frac{R^2}{d}\cos\alpha\right)+y^2\left(1+\frac{R^2}{d}\cos\beta\right) \\ & + z^2\left(1+\frac{R^2}{d}\cos\gamma\right)+\frac{R^2}{d}(\cos\beta+\cos\gamma)yz \\ & + \frac{R^2}{d}(\cos\gamma+\cos\alpha)zx+\frac{R^2}{d}(\cos\alpha+\cos\beta)xy \\ & + \ldots\ldots\ldots\ldots\ldots\ldots\ldots\ldots \end{aligned}$$

le discriminant est donc

$$\begin{aligned} \Delta = & \left(1+\frac{R^2}{d}\cos\alpha\right)\left(1+\frac{R^2}{d}\cos\beta\right)\left(1+\frac{R^2}{d}\cos\gamma\right) \\ & + 2\frac{R^6}{d^3}\frac{(\cos\beta+\cos\gamma)}{2}\frac{(\cos\gamma+\cos\alpha)}{2}\frac{(\cos\alpha+\cos\beta)}{2} \\ & - \frac{R^4}{d^2}\left[\left(1+\frac{R^2}{d}\cos\alpha\right)\frac{(\cos\beta+\cos\gamma)^2}{4}\right. \\ & \quad + \left(1+\frac{R^2}{d}\cos\beta\right)\frac{(\cos\gamma+\cos\alpha)^2}{4} \\ & \quad \left. + \left(1+\frac{R^2}{d}\cos\gamma\right)\frac{(\cos\alpha+\cos\beta)^2}{4}\right]=0; \end{aligned}$$

d'où en chassant les dénominateurs numériques et ordonnant par rapport aux puissances croissantes de $\frac{R^2}{d}$,

$$\begin{aligned}
&8 + 8\frac{R^2}{d}(\cos\alpha + \cos\beta + \cos\gamma)\\
&+ 2\frac{R^4}{d^2}\left[\begin{array}{l} 4(\cos\alpha\cos\beta + \cos\beta\cos\gamma + \cos\gamma\cos\alpha)\\ -(\cos\beta + \cos\gamma)^2 - (\cos\alpha + \cos\gamma)^2\\ -(\cos\beta + \cos\alpha)^2 \end{array}\right]\\
&+ \frac{R^6}{d^3}\left[\begin{array}{l} 8\cos\alpha\cos\beta\cos\gamma - 2[\cos\alpha(\cos\beta + \cos\gamma)^2\\ \quad + \cos\beta(\cos\alpha + \cos\gamma)^2 + \cos\gamma(\cos\alpha + \cos\beta)^2]\\ \quad + 2(\cos\alpha + \cos\beta)(\cos\beta + \cos\gamma)(\cos\gamma + \cos\alpha) \end{array}\right] = 0,
\end{aligned}$$

c'est-à-dire

$$\begin{aligned}
&4 - 4\frac{R^2}{d}(\cos\alpha + \cos\beta + \cos\gamma)\\
&- \frac{R^4}{d^2}[(\cos\beta - \cos\gamma)^2 + (\cos\gamma + \cos\alpha)^2 + (\cos\alpha - \cos\beta)^2] = 0.
\end{aligned}$$

De plus, si l'on remarque que

$$\begin{aligned}
&(\cos\beta - \cos\gamma)^2 + (\cos\gamma - \cos\alpha)^2 + (\cos\alpha - \cos\beta)^2\\
&\quad = (\cos\alpha + \cos\beta + \cos\gamma)^2 + \cos^2\alpha + \cos^2\beta + \cos^2\gamma,
\end{aligned}$$

il vient finalement

$$\begin{aligned}
&\left[2 - \frac{R^2}{d}(\cos\alpha + \cos\beta + \cos\gamma)\right]^2\\
&\qquad - \frac{R^4}{d^2}(\cos^2\alpha + \cos^2\beta + \cos^2\gamma) = 0.
\end{aligned}$$

Mais, si nous sommes en coordonnées rectangulaires,

$$\cos^2\alpha + \cos^2\beta + \cos^2\gamma = 1, \tag{3}$$

et la relation entre α, β, γ, qui doit être vérifiée pour que les surfaces (2) soient des paraboloïdes, se réduit à

$$\left[2 - \frac{R^2}{d}(\cos\alpha + \cos\beta + \cos\gamma)\right]^2 - \frac{R^4}{d^2} = 0,$$

qui se décompose en

$$2 - \frac{R^2}{d}(\cos\alpha + \cos\beta + \cos\gamma + 1) = 0$$

et

$$2 - \frac{R^2}{d}(\cos\alpha + \cos\beta + \cos\gamma - 1) = 0.$$

2. *On donne deux droites non situées dans un même plan; on fait passer par ces droites un paraboloïde hyperbolique; écrire l'équation de cette surface.*

(*Agrégation.* — Énoncé partiel; 1862.)

Prenons comme axe des x la perpendiculaire commune aux deux droites; puis, plaçant l'origine en son milieu, prenons comme axe des z une droite également inclinée sur les deux droites données, et comme axe des y la perpendiculaire en O au plan zOx.

Les équations des deux droites seront dès lors

$$(AB) \qquad \begin{cases} x - a = 0, \\ z - \alpha y = 0, \end{cases}$$

$$(CD) \qquad \begin{cases} x + a = 0, \\ z + \alpha y = 0. \end{cases}$$

Soit

$$lx + my + nz = 0$$

l'équation du plan directeur du paraboloïde. Une droite

quelconque s'appuyant sur les deux droites données a pour équations

$$(1)\qquad \begin{cases} \lambda(x-a)+\mu(z-\alpha y)=0, \\ \nu(x+a)+\pi(z-\alpha y)=0; \end{cases}$$

elle doit être parallèle au plan directeur; il faut donc que l'on ait entre les paramètres variables la relation

$$(2)\qquad \begin{vmatrix} \lambda & -\alpha\mu & \mu \\ \nu & +\alpha\pi & \pi \\ l & m & n \end{vmatrix} = 0,$$

et l'élimination de λ, μ, ν et π entre les équations (1) et (2) donne l'équation de la surface cherchée.

Des deux premières on tire

$$\frac{\lambda}{z-\alpha y}=\frac{\mu}{a-x},$$

$$\frac{\nu}{z+\alpha y}=\frac{\pi}{-(x+a)};$$

ces valeurs, substituées dans la troisième, donnent

$$\begin{aligned} &-2l\alpha(a-x)(a+x) \\ &\quad -n[(z-\alpha y)(x+a)+(z+\alpha y)(a-x)] \\ &\quad -n\alpha[(a+x)(z-\alpha y)+(x-a)(z+\alpha y)]=0, \end{aligned}$$

c'est-à-dire

$$\begin{aligned} 2l\alpha(x^2-a^2)-m[(z-\alpha y)(x+a)-(z+\alpha y)(a-x)] \\ -n\alpha[(x+a)(z-\alpha y)+(x-a)(z+\alpha y)]=0, \end{aligned}$$

qui prend la forme définitive

$$2l\alpha(x^2-a^2)+2m(\alpha xy-az)+2n\alpha(zx-a\alpha y)=0.$$

C'est l'équation du lieu.

3. *On donne l'équation d'un ellipsoïde rapporté à ses*

axes; on demande l'équation d'un hyperboloïde ayant les mêmes axes et tel que deux mêmes sections principales de ces surfaces aient mêmes foyers.

(*École Polytechnique.* — Examen oral; admission. 1890.)

L'équation d'un ellipsoïde rapporté à ses axes est

$$\frac{x^2}{a^2}+\frac{y^2}{b^2}+\frac{z^2}{c^2}-1=0.$$

L'équation d'un hyperboloïde ayant mêmes directions d'axes est

$$\frac{x^2}{\alpha^2}+\frac{y^2}{\beta^2}-\frac{z^2}{\gamma^2}\pm 1=0.$$

Supposons que les sections principales considérées soient celles qui se trouvent dans les plans xOy et zOx.

Leurs équations respectives sont, dans ces plans,

$$\frac{x^2}{a^2}+\frac{y^2}{b^2}-1=0,$$

$$\frac{x^2}{\alpha^2}+\frac{y^2}{\beta^2}\pm 1=0,$$

et ces deux ellipses étant homofocales, on doit avoir

$$\alpha^2=a^2+\lambda,$$

$$\beta^2=b^2+\lambda,$$

λ désignant un paramètre variable.

D'autre part, les sections des deux surfaces par le plan zOx sont

$$\frac{x^2}{a^2}+\frac{z^2}{c^2}-1=0,$$

$$\frac{x^2}{\alpha^2}-\frac{z^2}{\gamma^2}\pm 1=0;$$

et pour que l'ellipse et l'hyperbole ainsi déterminées soient homofocales, il faudra que l'on ait de même

$$\alpha^2 = a^2 + \mu,$$
$$\gamma^2 = \mu - c^2,$$

μ désignant un nouveau paramètre.

Si nous comparons ces relations aux premières, nous en tirons immédiatement

$$\lambda = \mu,$$

et, par conséquent, l'équation de l'hyperboloïde devient

$$\frac{x^2}{a^2+\lambda} + \frac{y^2}{b^2+\lambda} - \frac{z^2}{\lambda - c^2} - 1 = 0.$$

On voit qu'il existe une infinité d'hyperboloïdes remplissant la condition de l'énoncé.

4. *On donne trois axes de coordonnées; dans le plan des xy un cercle tangent en* O *à* O*y*.

Trouver la surface engendrée par une droite qui s'appuie sur l'axe des z et sur le cercle de telle façon que, A *et* B *désignant les points de rencontre de la droite mobile avec le cercle et* O*z, on ait*

$$OA = OB.$$

Soit r le rayon du cercle C. Désignons par ρ la longueur OA (*fig.* 11), par ω l'angle AOx l'équation de ce cercle sera

$$x^2 + y^2 - 2rx = 0,$$

ou bien

$$\rho - 2r\cos\omega = 0. \quad (1)$$

Les équations de la droite AB, intersection des plans qui la projettent sur les plans des coordonnées xOy et zOx

sont

$$(2)\qquad \begin{cases} \dfrac{x}{\rho\cos\omega} + \dfrac{z}{\rho} - 1 = 0, \\ y = x\,\text{tang}\,\omega, \end{cases}$$

à condition que l'on ait

$$\text{OA} = \text{OB} = \rho.$$

Fig. 11.

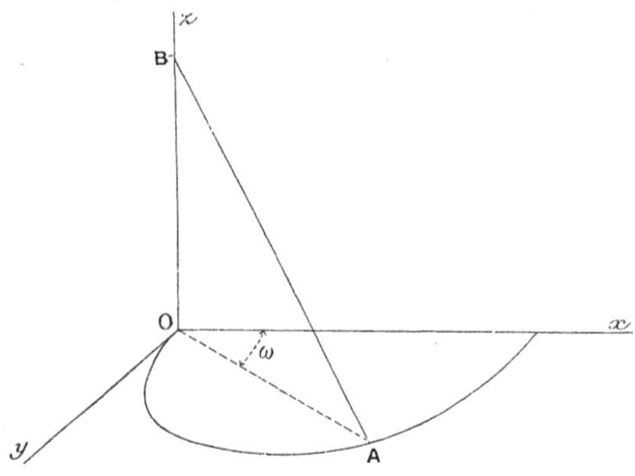

Il suffit donc d'éliminer ω et ρ entre les équations (1) et (2) pour avoir l'équation de la surface cherchée.

On a successivement

$$x + z\cos\omega - \rho\cos\omega = 0,$$

puis

$$x + z\cos\omega - 2r\cos^2\omega = 0$$

et

$$\cos\omega = \frac{x}{\sqrt{x^2+y^2}}.$$

On a donc finalement

$$x + \frac{zx}{\sqrt{x^2+y^2}} - \frac{2rx^2}{x^2+y^2} = 0.$$

c'est-à-dire

$$x^2[2rx - (x^2+y^2)]^2 = z^2x^2(x^2+y^2),$$

qui se décompose en

$$x^2 = 0$$

et

$$[2rx - (x^2 + y^2)]^2 = z^2(x^2 + y^2),$$

équation d'une surface du quatrième ordre.

5. *Par un point fixe* O *on mène une droite mobile* OM *et l'on prend une série de points dans l'espace; de chacun de ces points on abaisse une perpendiculaire sur la droite : soit r la longueur de cette perpendiculaire. Sur* OM, *à partir du point* O, *on porte une longueur* $\mathrm{OM} = \frac{k}{\sqrt{\Sigma r^2}}$, *on obtient ainsi un point* M *dont on demande le lieu géométrique.*

(*École Polytechnique.* — Examen oral; admissibilité. 1890.)

Prenons le point fixe O comme origine et trois plans rectangulaires passant en O comme plans de coordonnées.

La droite mobile OM a pour équations

$$(1) \qquad \frac{x}{\alpha} = \frac{y}{\beta} = \frac{z}{\gamma},$$

α, β, γ désignant ses cosinus directeurs.

Soient

$$A_1(a_1 b_1 c_1), \qquad A_2(a_2 b_2 c_2), \qquad \dots, \qquad A_n(a_n b_n c_n)$$

les points de l'espace dont il s'agit.

La distance de l'un de ces points A_k à la droite a pour expression

$$z_k^2 = a_k^2 + b_k^2 + c_k^2 - \frac{[\alpha a_k + \beta b_k + \gamma c_k]^2}{\alpha^2 + \beta^2 + \gamma^2}$$

et, par suite,

$$\Sigma z^2 = \sum \frac{[\alpha^2 + \beta^2 + \gamma^2](a_k^2 + b_k^2 + c_k^2) - [\alpha a_k + \beta b_k + \gamma c_k]^2}{\alpha^2 + \beta^2 + \gamma^2}$$

qui peut s'écrire

$$\Sigma r^2 = \frac{1}{\alpha^2+\beta^2+\gamma^2}\sum[(\alpha b_k-\beta a_k)^2+(\beta c_k-\gamma b_k)^2+(\gamma a_k-\alpha c_k)^2],$$

d'autre part, si (x, y, z) sont les coordonnées du point M du lieu, on a

$$x^2+y^2+z^2=\frac{K^2}{\Sigma r^2},$$

en vertu de l'énoncé, c'est-à-dire

$$(2)\quad K^2=\frac{(x^2+y^2+z^2)}{\alpha^2+\beta^2+\gamma^2}\sum[(\alpha b_k-\beta a_k)^2+(\beta c_k-\gamma b_k)^2+(\gamma a_k-\alpha c_k)^2]$$

et, pour avoir le lieu du point M, il suffit d'éliminer α, β, γ entre cette équation et les équations (1).

Il vient ainsi

$$K^2=\sum[(b_k x-a_k y)^2+(c_k y-b_k z)^2+(a_k z-c_k x)^2].$$

Le lieu du point M est donc une surface du second degré.

6. *On donne une surface du second ordre*

$$(1)\qquad f(x, y, z)=0$$

et une droite

$$(2)\qquad \frac{x-x_0}{\alpha}=\frac{y-y_0}{\beta}=\frac{z-z_0}{\gamma};$$

trouver l'équation d'un plan tangent mené par cette droite à la surface.

Trouver les équations de la corde des contacts.

L'équation du plan tangent au point (x, y, z) est

$$Xf'_x+Yf'_y+Zf'_z+Tf'_t=0.$$

Ce plan passera par la droite (2) si son équation est vérifiée par les coordonnées d'un point quelconque de la droite, c'est-à-dire, si cette équation dans laquelle on remplace les coordonnées courantes par celles d'un point quelconque de la droite, devient une identité. Les équations (2) donnent

$$\left\{\begin{array}{l} x = x_0 + \alpha\lambda, \\ y = y_0 + \beta\lambda, \\ z = z_0 + \gamma\lambda, \end{array}\right.$$

λ désignant un paramètre arbitraire ; le résultat de la substitution

$$x_0 f'_x + y_0 f'_y + z_0 f'_z + \mathrm{T} f'_t + \lambda [\alpha f'_x + \beta f'_y + \gamma f'_z] = 0$$

doit donc être indépendant de λ, ce qui exige

$$x_0 f'_x + y_0 f'_y + z_0 f'_z + \mathrm{T} f'_t = 0,$$
$$\alpha f'_x + \beta f'_y + \gamma f'_z = 0.$$

La première de ces équations est le plan polaire du point (x_0, y_0, z_0) par rapport à la surface $f(x, y, z) = 0$; la seconde, celle du plan diamétral conjugué de la direction de la droite donnée. Les points de contact se trouvent donc à l'intersection de la surface

$$f(x, y, z) = 0,$$

avec la droite représentée par les équations

$$\left\{\begin{array}{l} x_0 f'_x + y_0 f'_y + z_0 f'_z + \mathrm{T} f'_t = 0, \\ \alpha f'_x + \beta f'_y + \gamma f'_z = 0 ; \end{array}\right.$$

c'est la droite des contacts.

7. *On donne un ellipsoïde*

$$\frac{x^2}{a^2} + \frac{y^2}{b^2} + \frac{z^2}{c^2} - 1 = 0$$

et une droite

$$\frac{x - x_0}{\alpha} = \frac{y - y_0}{\beta} = \frac{z - z_0}{\gamma}.$$

On considère une droite tangente à l'ellipsoïde, normale à la droite, et la rencontrant; lieu du point de contact.

(*École Polytechnique.* — Examen oral; admission. 1890.)

Soient M (*fig.* 12), un des points de contact satisfaisant à l'énoncé, et D la droite donnée.

La tangente MT en M est contenue dans le plan tangent

Fig. 12.

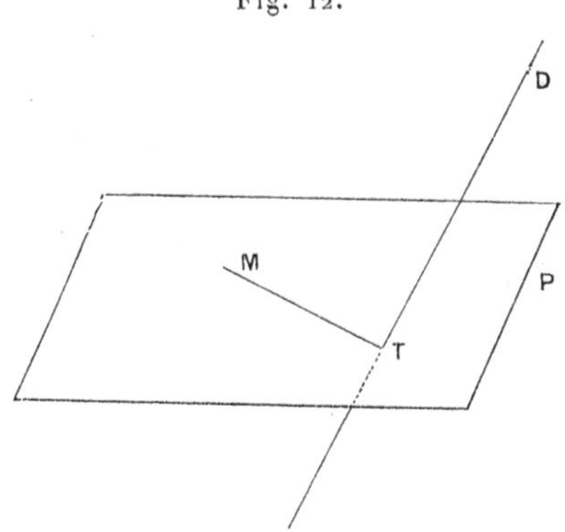

P, et cette tangente MT rencontrera D et lui sera normale, si D est perpendiculaire au plan P. Une tangente en M satisfaisant à l'énoncé n'est donc autre chose que l'intersection du plan tangent en M, et du plan perpendiculaire à ce dernier mené par M et la droite D; c'est ce que nous allons exprimer.

Le plan tangent en un point M (ξ, η, ζ) à l'ellipsoïde a pour équation

$$\frac{X\xi}{a^2} + \frac{Y\eta}{b^2} + \frac{Z\zeta}{c^2} - 1 = 0; \tag{1}$$

un plan quelconque passant par la droite D sera

$$\beta(X - x_0) - \alpha(Y - y_0) + \theta[\gamma(Y - y_0) - \beta(Z - z_0)] = 0,$$

θ représentant un paramètre variable, et il faut écrire que ce plan passe en M, ce qui détermine θ par la relation

$$\beta(\xi - x_0) - \alpha(\eta - y_0) + \theta[\gamma(\eta - y_0) - \beta(\zeta - z_0)] = 0.$$

L'équation d'un plan passant en M et par D sera donc

$$\begin{aligned}[\beta(X - x_0) - \alpha(Y - y_0)][\gamma(\eta - y_0) - \beta(\zeta - z_0)] \\ - [\beta(\xi - x_0) - \alpha(\eta - y_0)][\gamma(Y - y_0) - \beta(Z - z_0)] = 0\end{aligned}$$

qui, développée, s'écrit

$$\begin{aligned}\beta[\gamma(\eta - y_0) - \beta(\zeta - z_0)]X + \beta[\alpha(\zeta - z_0) - \gamma(\xi - x_0)]Y \\ + \beta[\beta(\xi - x_0) - \alpha(\eta - y_0)]Z + \ldots = 0,\end{aligned}$$

et, pour que ce plan soit perpendiculaire au plan tangent, il faut que l'on ait

$$\begin{aligned}\beta\frac{\xi}{a^2}[\gamma(\eta - y_0) - \beta(\zeta - z_0)] + \beta\frac{\eta}{b^2}[\alpha(\zeta - z_0) - \gamma(\xi - x_0)] \\ + \beta\frac{\xi}{c^2}[\beta(\xi - x_0) - \alpha(\eta - y_0)] = 0.\end{aligned}$$

Calculs effectués, il vient

$$(2) \quad \left\{\begin{aligned}\gamma\left(\frac{1}{a^2} - \frac{1}{b^2}\right)\xi\eta + \beta\left(\frac{1}{c^2} - \frac{1}{a^2}\right)\xi\zeta + \alpha\left(\frac{1}{b^2} - \frac{1}{a^2}\right)\eta\zeta \\ + \frac{\beta z_0 - \gamma y_0}{a^2}\xi + \frac{\gamma x_0 - \alpha z_0}{b^2}\eta + \frac{\alpha y_0 - \beta x_0}{c^2}\zeta = 0,\end{aligned}\right.$$

équation qui représente une surface du second ordre passant par l'origine des coordonnées.

Le lieu du point M sera la courbe d'intersection de l'ellipsoïde (1) avec la surface représentée par l'équation (2).

8. *On donne un ellipsoïde rapporté à son centre et à ses axes et une tangente à la surface au sommet situé sur la*

partie positive de OZ : mener des tangentes à l'ellipsoïde perpendiculaires à la tangente donnée en un point donné.

Soit

$$\frac{x^2}{a^2}+\frac{y^2}{b^2}+\frac{z^2}{c^2}-1=0 \tag{1}$$

l'équation de l'ellipsoïde.

Les équations de la tangente donnée sont

$$\left\{\begin{aligned} z-c&=0,\\ y-dx&=0,\end{aligned}\right. \tag{2}$$

et les coordonnées du point donné de cette droite seront

$$x=\alpha,\qquad y=d\alpha,\qquad z=c.$$

Les tangentes dont on demande l'équation sont à l'intersection du plan mené par le point P perpendiculairement à la droite donnée, avec le cône circonscrit à l'ellipsoïde à partir de ce même point.

L'équation du plan s'écrit

$$y-d\alpha+\frac{1}{d}(x-\alpha)=0; \tag{3}$$

et celle du cône circonscrit

$$\left\{\begin{aligned} &\alpha^2\left(\frac{1}{a^2}+\frac{d^2}{b^2}\right)\left(\frac{x^2}{a^2}+\frac{y^2}{b^2}+\frac{z^2}{c^2}-1\right)\\ &\qquad-\left(\frac{\alpha x}{a^2}+\frac{d\alpha y}{b^2}+\frac{z}{c^2}-1\right)^2=0.\end{aligned}\right. \tag{4}$$

Ces deux équations associées définissent les droites cherchées.

Remarques. — (a) Si l'on suppose que le point P se déplace sur la tangente fixe, le lieu des droites de l'énoncé est une surface conoïde, dont l'équation, obtenue en éliminant le paramètre α entre les équations (3) et (4) sera

$$(5)\quad \left(\frac{1}{a^2}+\frac{d^2}{b^2}\right)\left(\frac{x+dy}{1+d^2}\right)^2\left(\frac{x^2}{a^2}+\frac{y^2}{b^2}+\frac{z^2}{c^2}-1\right) - \left[\left(\frac{x+dy}{1+d^2}\right)\left(\frac{x}{a^2}+\frac{dy}{b^2}\right)+\frac{z}{c^2}-1\right]^2 = 0.$$

(*b*) Le lieu des points de contact des tangentes menées conformément à l'énoncé est une courbe gauche, intersection de l'ellipsoïde donné avec la surface conoïde que nous venons d'obtenir, ou, plus simplement, avec le paraboloïde hyperbolique

$$\left(\frac{x+dy}{1+d^2}\right)\left(\frac{x}{a^2}+\frac{dy}{b^2}\right)+\frac{z}{c}-1=0.$$

9. *Étant donnée l'équation d'un ellipsoïde*

$$\frac{x^2}{a^2}+\frac{y^2}{b^2}+\frac{z^2}{c^2}-1=0,$$

on demande :

1° *Les équations de la normale au point* (α, β, γ);

2° *Les coordonnées du second point d'intersection de la normale avec la surface.*

(*École Polytechnique.* — Admissibilité ; 1890.)

1° Les équations de la normale au point de coordonnées (α, β, γ) sont

$$\frac{x-\alpha}{\frac{\alpha}{a^2}}=\frac{y-\beta}{\frac{\beta}{b^2}}=\frac{z-\gamma}{\frac{\gamma}{c^2}},$$

ou

$$(1)\quad \frac{a^2(x-\alpha)}{\alpha}=\frac{b^2(y-\beta)}{\beta}=\frac{c^2(z-\gamma)}{\gamma};$$

et comme le point est sur la surface, on a l'équation de condition

$$\frac{\alpha^2}{a^2}+\frac{\beta^2}{b^2}+\frac{\gamma^2}{c^2}-1=0. \tag{2}$$

2° Les équations (1) nous donnent

$$\left\{\begin{aligned} x &= \alpha+\frac{\alpha\rho}{a^2},\\ y &= \beta+\frac{\beta\rho}{b^2},\\ z &= \gamma+\frac{\gamma\rho}{c^2} \end{aligned}\right. \tag{3}$$

pour équations de la normale, ρ désignant la distance du point M (x, y, z) au point P (α, β, γ), et par conséquent nous aurons les valeurs de ρ correspondant aux points d'intersection de la surface et de la droite en remplaçant (x, y, z) dans l'équation de cette surface par leurs valeurs tirées des équations (3).

On trouve ainsi

$$\frac{\left(\alpha+\frac{\alpha\rho}{a^2}\right)}{a^2}+\frac{\left(\beta+\frac{\beta\rho}{b^2}\right)^2}{b^2}+\frac{\left(\gamma+\frac{\gamma\rho}{c^2}\right)^2}{c^2}-1=0,$$

ou, en développant et tenant compte de la relation (2),

$$2\left(\frac{\alpha^2}{a^4}+\frac{\beta^2}{b^4}+\frac{\gamma^2}{c^4}\right)\rho+\left(\frac{\alpha^2}{a^6}+\frac{\beta^2}{b^6}+\frac{\gamma^2}{c^6}\right)\rho^2=0,$$

équation qui donne les valeurs de ρ correspondant aux points d'intersection de l'ellipsoïde et de la normale.

L'une de ces valeurs, $\rho=0$, donne le pied de la normale L'autre valeur de ρ

$$\rho=-\frac{2\left(\frac{\alpha^2}{a^4}+\frac{\beta^2}{b^4}+\frac{\gamma^2}{c^4}\right)}{\frac{\alpha^2}{a^6}+\frac{\beta^2}{b^6}+\frac{\gamma^2}{c^6}},$$

donne pour coordonnées du second point d'intersection

$$x_1 = \frac{\alpha\beta^2}{b^4}\left(\frac{1}{b^2} - \frac{2}{a^2}\right) + \frac{\alpha\gamma^2}{c^4}\left(\frac{1}{c^2} - \frac{2}{a^2}\right),$$

$$y_1 = \frac{\beta\gamma^2}{c^4}\left(\frac{1}{c^2} - \frac{2}{b^2}\right) + \frac{\beta\alpha^2}{a^4}\left(\frac{1}{a^2} - \frac{2}{b^2}\right),$$

$$z_1 = \frac{\gamma\alpha^2}{a^4}\left(\frac{1}{a^2} - \frac{2}{c^2}\right) + \frac{\gamma\beta^2}{b^4}\left(\frac{1}{b^2} - \frac{2}{c^2}\right),$$

en fonction des coordonnées (α, β, γ) du pied de la normale.

10. *Lieu des sommets des cônes passant par une ellipse donnée, et coupant un plan donné suivant une hyperbole équilatère.*

(*Bourses de Licence.* — 1884.)

Prenons comme axes des x et des y les axes de l'ellipse et pour axe des z une verticale passant par son centre.

Les équations de l'ellipse donnée seront alors

$$\left\{\begin{aligned} \frac{x^2}{a^2} + \frac{y^2}{b^2} - 1 &= 0, \\ z &= 0. \end{aligned}\right.$$

Soient (α, β, γ) les coordonnées du sommet d'un des cônes répondant à l'énoncé; une quelconque de ses génératrices aura pour équations

$$x = \frac{\alpha + \lambda X}{1 + \lambda},$$

$$y = \frac{\beta + \lambda Y}{1 + \lambda},$$

$$z = \frac{\gamma + \lambda Z}{1 + \lambda},$$

λ étant un paramètre variable; et, cette génératrice devant s'appuyer sur l'ellipse, les équations

$$\left\{\begin{aligned}&\frac{(\alpha+\lambda X)^2}{a^2(1+\lambda)^2}+\frac{(\beta+\lambda Y)^2}{b^2(1+\lambda)^2}-1=0,\\&\gamma+\lambda Z=0\end{aligned}\right.$$

devront être vérifiées simultanément.

L'équation générale des cônes de l'énoncé s'obtiendra donc en éliminant λ entre ces deux équations, ce qui donne

$$(1)\quad\left\{\begin{aligned}&\left(\frac{\alpha^2}{a^2}+\frac{\beta^2}{b^2}-1\right)z^2-2\gamma\left(\frac{\alpha x}{a^2}+\frac{\beta y}{b^2}-1\right)z\\&\qquad+\gamma^2\left(\frac{x^2}{a^2}+\frac{y^2}{b^2}-1\right)=0.\end{aligned}\right.$$

Soit maintenant

$$(2)\qquad lx+my+nz+p=0$$

le plan fixe que tous ces cônes doivent couper suivant une hyperbole équilatère.

Tout plan parallèle au plan (2) qui passerait au sommet du cône le couperait suivant un système de deux droites rectangulaires.

Un cône parallèle au premier, et ayant son sommet à l'origine, aurait pour équation

$$\gamma^2\left(\frac{x^2}{a^2}+\frac{y^2}{b^2}\right)+\left(\frac{\alpha^2}{a^2}+\frac{\beta^2}{b^2}-1\right)z^2-\frac{2\gamma\beta}{b^2}yz-\frac{2\gamma\alpha}{a^2}zx=0;$$

le plan parallèle au plan fixe mené par l'origine aurait de même pour équation

$$lx+my+nz=0,$$

et il suffit d'exprimer que ces deux nouvelles surfaces se coupent suivant deux droites rectangulaires pour avoir satisfait à l'énoncé.

Or un cône

$$Ax^2 + A'y^2 + A''z^2 + 2\beta yz + 2\beta' zx + 2\beta'' xy = f(x, y, z) = 0$$

et un plan

$$\lambda x + \mu y + \nu z = 0$$

se coupent suivant un système de deux droites rectangulaires si l'on a

$$(3) \qquad f(\lambda, \mu, \nu) - (A + A' + A'')(\lambda^2 + \mu^2 + \nu^2) = 0;$$

et, en appliquant cette relation, on trouve

$$\gamma^2\left(\frac{l^2}{a^2} + \frac{m^2}{b^2}\right) + \left(\frac{\alpha^2}{a^2} + \frac{\beta^2}{b^2} - 1\right)n^2 - \frac{2\gamma\beta}{a^2}mn - \frac{2\gamma\alpha}{a^2}ln$$
$$- \left[\gamma^2\left(\frac{1}{a^2} + \frac{1}{b^2}\right) + \left(\frac{\alpha^2}{a^2} + \frac{\beta^2}{b^2} - 1\right)\right](l^2 + m^2 + n^2) = 0,$$

équation qui lie les coordonnées du sommet de ces divers cônes et qui est par suite l'équation du lieu cherché.

Simplifiant et remplaçant (α, β, γ) par (x, y, z), l'équation devient

$$(4) \quad (l^2 + m^2)\left(\frac{x^2}{a^2} + \frac{y^2}{b^2}\right) - \left(\frac{m^2 + n^2}{a^2} + \frac{l^2 + n^2}{b^2}\right)z^2$$
$$- \frac{2mn}{a^2}yz - \frac{2ln}{b^2}zx - (l^2 + m^2) = 0.$$

Le lieu des sommets des cônes de l'énoncé est donc une surface du second ordre, qui contient, comme il est aisé de s'en rendre compte, l'ellipse primitive

$$\begin{cases} \dfrac{x^2}{a^2} + \dfrac{y^2}{b^2} - 1 = 0, \\ z = 0. \end{cases}$$

Nota. — Nous rappellerons ici brièvement la démonstration de la formule (3) qui nous a servi à exprimer que deux droites représentées par l'intersection du cône

$$Ax^2 + A'y^2 + A''z^2 + 2Byz + 2B'zx + 2B''xy = f(x, y, z) = 0$$

et du plan

$$\lambda x + \mu y + \nu z = 0$$

sont rectangulaires.

Un cône dont l'équation est

$$Ax^2 + A'y^2 + A''z^2 + 2Byz + 2B'zx + 2B''xy + (\lambda x + \mu y + \nu z)(lx + my + nz) = 0,$$

où l, m et n sont arbitraires, contient évidemment les deux droites données.

Il contiendra la normale au plan

$$\lambda x + \mu y + \nu z = 0,$$

si l'on a

$$f(\lambda, \mu, \nu) - (\lambda^2 + \mu^2 + \nu^2)(l\lambda + m\mu + n\nu) = 0,$$

et les deux droites seront rectangulaires si ce cône est capable d'un trièdre trirectangle, ce qui exige

$$A + A' + A'' + l\lambda + m\mu + n\nu = 0.$$

L'élimination de

$$l\lambda + m\mu + n\nu$$

entre ces deux dernières équations donne la formule (3)

$$f(\lambda, \mu, \nu) - (A + A' + A'')(\lambda^2 + \mu^2 + \nu^2) = 0 \quad (^1).$$

11. *On donne dans un plan deux ellipses ayant leurs axes dirigés suivant les mêmes droites; on considère deux cônes égaux ayant respectivement pour directrices les ellipses données. Lieu des sommets de ces cônes.*

(*Concours général.* — 1870.)

---

(1) Cette démonstration est extraite presque textuellement du Cours de Géométrie analytique de notre Maître regretté, M. Vazeille.

Prenons comme origine le centre commun des deux ellipses; pour axes des x et des y leurs directions d'axes, et pour axe des z la perpendiculaire en leur centre au plan des xy.

Leurs équations sont alors

$$(1) \qquad \frac{x^2}{a^2} + \frac{y^2}{b^2} - 1 = 0,$$

$$(2) \qquad \frac{x^2}{\alpha^2} + \frac{y^2}{\beta^2} - 1 = 0.$$

L'équation d'un cône ayant pour sommet un point (ξ, η, ζ) et pour directrice la conique (1) aura pour équation (*Voir*, Chap. II, *Surfaces coniques*),

$$(3) \qquad \begin{aligned} &\frac{\zeta^2}{a^2} x^2 + \frac{\zeta^2}{b^2} y^2 + \left(\frac{\xi^2}{a^2} + \frac{\eta^2}{b^2} - 1\right) z^2 \\ &\qquad - \frac{2\eta\zeta}{b^2} yz - \frac{2\xi\zeta}{a^2} xz - 2\zeta z - \zeta^2 = 0. \end{aligned}$$

De même celle du second cône est,

$$(4) \qquad \left\{ \begin{aligned} &\frac{\zeta^2}{\alpha^2} x^2 + \frac{\zeta^2}{\beta^2} y^2 + \left(\frac{\xi^2}{a^2} + \frac{\eta^2}{b^2} - 1\right) z^2 \\ &\qquad - \frac{2\eta\zeta}{\beta^2} yz - \frac{2\xi\zeta}{\alpha^2} xz - 2\zeta z - \zeta^2 = 0. \end{aligned} \right.$$

Soient s, s', s'' les racines de l'équation en S du premier cône, σ, σ', σ'' les racines de l'équation en S du second cône; les deux surfaces seront identiques si l'on a

$$(5) \qquad \frac{s}{\sigma} = \frac{s'}{\sigma'} = \frac{s''}{\sigma''}.$$

Formons l'équation en S du premier cône

$$(6) \qquad \left\{ \begin{aligned} &S^3 - \left[\frac{\xi^2}{a^2} + \frac{\eta^2}{b^2} + \zeta^2\left(\frac{1}{a^2} + \frac{1}{b^2}\right) - 1\right] S^2 \\ &\qquad + \frac{\zeta^2}{a^2 b^2}[\xi^2 + \eta^2 + \zeta^2 - (a^2 + b^2)]S + \frac{\zeta^4}{a^2 b^2} = 0. \end{aligned} \right.$$

L'équation en S du second cône s'obtient en changeant a et b en α et β dans cette dernière équation.

Soit λ la valeur commune des trois rapports (5); on a

$$\frac{s}{\sigma} = \frac{s'}{\sigma'} = \frac{s''}{\sigma''} = \frac{s+s'+s''}{\sigma+\sigma'+\sigma''} = \lambda, \qquad \frac{\Sigma\, ss'}{\Sigma\, \sigma\sigma'} = \lambda^2, \qquad \frac{s s' s''}{\sigma\sigma'\sigma''} = \lambda^3.$$

On peut donc écrire

$$(7) \qquad \frac{\dfrac{\xi^2}{a^2} + \dfrac{\eta^2}{b^2} + \zeta^2\left(\dfrac{1}{a^2} + \dfrac{1}{b^2}\right) - 1}{\dfrac{\xi^2}{\alpha^2} + \dfrac{\eta^2}{\beta^2} + \zeta^2\left(\dfrac{1}{\alpha^2} + \dfrac{1}{\beta^2}\right) - 1} = \lambda,$$

$$(8) \qquad \frac{\alpha^2\beta^2(\xi^2+\eta^2+\zeta^2-a^2-b^2)}{a^2b^2(\xi^2+\eta^2+\zeta^2-\alpha^2-\beta^2)} = \lambda^2,$$

$$(9) \qquad \frac{\alpha^2\beta^2}{a^2b^2} = \lambda^3.$$

Éliminons λ entre ces équations, il vient

$$(10) \qquad \frac{\dfrac{\xi^2}{a^2} + \dfrac{\eta^2}{b^2} + \zeta^2\left(\dfrac{1}{a^2} + \dfrac{1}{b^2}\right) - 1}{\dfrac{\xi^2}{\alpha^2} + \dfrac{\eta^2}{\beta^2} + \zeta^2\left(\dfrac{1}{\alpha^2} + \dfrac{1}{\beta^2}\right) - 1} = \left(\frac{\alpha^2\beta^2}{a^2b^2}\right)^{\frac{1}{3}} = k,$$

$$(11) \qquad \frac{\xi^2+\eta^2+\zeta^2-\alpha^2-\beta^2}{\xi^2+\eta^2+\zeta^2-a^2-b^2} = k^2.$$

Le lieu est donc une courbe gauche, les équations précédentes peuvent s'écrire

$$(10) \qquad \left\{ \begin{aligned} &\xi^2\left(\frac{1}{a^2} - \frac{k}{\alpha^2}\right) + \eta^2\left(\frac{1}{b^2} - \frac{k}{\beta^2}\right] \\ &\quad + \zeta^2\left[\frac{1}{a^2} + \frac{1}{b^2} - k\left(\frac{1}{\alpha^2} + \frac{1}{\beta^2}\right)\right] - (1-k) = 0, \end{aligned} \right.$$

$$(11) \qquad \xi^2+\eta^2+\zeta^2 - \left[\frac{\alpha^2+\beta^2-k(a^2+b^2)}{1-k}\right] = 0.$$

L'équation (10) est celle d'une surface du second ordre ayant pour centre le centre commun des ellipses, et pour plans principaux les plans de coordonnées.

L'équation (11) représente une sphère ayant également son centre à l'origine; le lieu demandé est donc l'intersection d'une surface du second degré par une sphère concentrique.

12. *Trouver le lieu des centres des surfaces représentées par l'équation*

$$(1)\quad x^2+y^2-z^2+2pyz+2qzx-2ax-2by-2cz=0$$

(a, b, c étant des paramètres positifs donnés, p et q des paramètres variables) :

1° Lorsque p et q varient de toutes les façons possibles;

2° Lorsque p et q varient de manière que l'équation représente un cône.

(*École Polytechnique.* — Énoncé partiel. 1862.)

Les équations qui donnent les coordonnées du centre de l'une des surfaces de l'énoncé, sont

$$\begin{aligned} f'_x &= x+qz-a &&=0,\\ f'_y &= y+pz-b &&=0,\\ f'_z &= px+qy-z-c &&=0 \end{aligned}$$

et le lieu des centres, dans le cas le plus général, s'obtient en éliminant entre ces équations les paramètres variables p et q.

Ces équations, rendues homogènes au moyen d'un nouveau paramètre r, deviennent

$$\begin{aligned} qz+r(x-a)&=0,\\ pz+r(y-b)&=0,\\ py+qx-r(z+c)&=0 \end{aligned}$$

et l'éliminant est

$$\begin{vmatrix} 0 & z & x-a \\ z & 0 & y-b \\ y & x & -(z+c) \end{vmatrix} = 0,$$

qui, développé, s'écrit

$$z[x(x-a)+y(y-b)+z(z+c)] = 0.$$

C'est l'équation du lieu qui se décompose en

$$z = 0,$$
$$x(x-a)+y(y-b)+z(z+c) = 0;$$

cette dernière équation représente une sphère passant à l'origine des coordonnées, dont le centre a pour coordonnées

$$\frac{a}{2}, \quad \frac{b}{2} \quad \text{et} \quad -\frac{c}{2},$$

et dont le rayon est

$$R = \sqrt{\frac{a^2+b^2+c^2}{4}}.$$

Pour que l'équation (1) représente des cônes, il faut que le discriminant $H = 0$ de l'équation (1) rendue homogène par l'introduction d'une variable arbitraire t soit nul, c'est-à-dire

$$H = \begin{vmatrix} 1 & 0 & q & -a \\ 0 & 1 & p & -b \\ q & p & -1 & -c \\ -a & -b & -c & 0 \end{vmatrix} = 0,$$

qui, développé, donne la relation

$$a^2+b^2-c^2-(aq-bp)^2+2c(aq+bp) = 0.$$

Si l'on tient compte de cette relation entre p et q, l'équation (1) devient, en effectuant la décomposition en carrés,

$$(2)\quad (x+qz-a)^2+(y+pz-b)^2-(p^2+q^2+1)z^2=0,$$

le terme constant de la décomposition

$$\frac{H}{1+p^2+q^2}$$

étant nul d'après la remarque précédente.

Les sommets de ces cônes sont donnés par les valeurs de x, y et z qui vérifient à la fois les équations

$$\begin{gathered} x+qz-a=0, \\ y+pz-b=0, \\ q(x+qz-a)+p(y+pz-b)-(p^2+q^2+1)z=0. \end{gathered}$$

Celles-ci, rendues homogènes par l'introduction d'une variable auxiliaire, s'écriront

$$\begin{gathered} q.z+r(x-a)=0, \\ p.z+r(y-b)=0, \\ p(y-b)+q(x-)a-rz=0 \end{gathered}$$

et le lieu s'obtient en éliminant p, q, r entre elles.

L'éliminant est donc

$$\begin{vmatrix} 0 & z & x-a \\ z & 0 & y-b \\ y-b & x-a & -z \end{vmatrix}=0,$$

qui, développé, devient

$$z[z^2+(y-b)^2]+z(x-a)^2=0:$$

ce lieu se décompose en

$$z=0$$

et

$$(x-a)^2+(y-b)^2+z^2=0.$$

Cette dernière équation représente une sphère évanouissante dont le centre a pour coordonnées a, b sur le plan xOy.

Le lieu des centres des surfaces représentées par l'équation (1) et qui se compose, comme nous avons vu, d'un plan et d'une sphère, est donc tel que le plan zOy est précisément la partie du lieu qui correspond aux cônes du système.

13. *Lieu des sommets des paraboloïdes de révolution qui passent par une conique donnée dans le plan des xy.*

(*École Polytechnique.* — Examen oral; admission. 1890.)

Nous prendrons comme origine des coordonnées le centre de la conique dans le plan des xy. Comme axes Ox et Oy les axes de cette conique, et comme axe des z, une perpendiculaire en O au plan des xy.

Les équations de la conique seront

$$(1) \qquad \begin{cases} z = 0, \\ a^2x^2 + b^2y^2 + K = 0, \end{cases}$$

et une surface du second degré quelconque aura pour équation

$$(2) \qquad \begin{aligned} &\lambda x^2 + \lambda' y^2 + \lambda'' z^2 + 2\mu yz + 2\mu' zx \\ &\quad + 2\mu'' xy + 2\nu x + 2\nu' y + 2\nu'' z + \pi = 0. \end{aligned}$$

Pour qu'elle passe par la conique (1), il faut que son intersection avec xOy se réduise à l'équation de cette conique.

On doit donc avoir tout d'abord

$$\lambda = a^2, \qquad \lambda' = b^2, \qquad \mu'' = 0, \qquad \nu = \nu' = 0, \qquad \pi = K$$

et les surfaces du second ordre remplissant cette première condition, seront de la forme

$$(3) \quad a^2x^2 + b^2y^2 + \lambda'' z^2 + 2\mu yz + 2\mu' zx + 2\nu'' z + K = 0.$$

Pour qu'une telle surface soit de révolution, il faut, puisque l'un des rectangles est déjà nul, qu'il y en ait encore au moins un nul. Supposons, par exemple,

$$\mu = 0,$$

il faudra de plus, dans ce cas, que la condition

$$(4)\qquad (a^2 - b^2)(\lambda'' - b^2) - \mu'^2 = 0$$

soit remplie.

L'axe de révolution ayant alors comme équations

$$\begin{cases} b^2 y = 0, \\ \mu'(b^2 z + \nu'')(\lambda'' - b^2)(b^2 x) = 0 \end{cases}$$

ou

$$\begin{cases} y = 0, \\ \mu'(b^2 z + \nu'')\, b^2 (\lambda'' - b)^2 x = 0. \end{cases}$$

Enfin, la surface devant être un paraboloïde, son centre doit être rejeté à l'infini, ce qui exige la condition

$$D = \begin{vmatrix} a^2 & 0 & \mu' \\ 0 & b^2 & 0 \\ \mu' & 0 & \lambda'' \end{vmatrix} = 0,$$

qui s'écrit

$$a^2 b^2 \lambda'' - b^2 \mu'^2 = 0,$$

ou

$$(5)\qquad a^2 \lambda'' - \mu'^2 = 0.$$

L'équation générale des paraboloïdes de l'énoncé sera donc

$$a^2 x^2 + b^2 y^2 + \lambda'' z^2 + 2\mu' z x + 2\nu'' z + K = 0$$

et devient, en tenant compte des relations (4) et (5), desquelles on tire

$$\lambda'' = b^2 - a^2 = c^2,$$
$$\mu'^2 = a^2(b^2 - a^2) = a^2 c^2,$$

et posant $\nu'' = \theta$,

$$(6)\qquad a^2 x^2 + b^2 y^2 + c^2 z^2 + 2acyz + 2\theta z + K = 0,$$

qui ne contient plus qu'un seul paramètre arbitraire.

Les équations de l'axe de ces paraboloïdes sont

$$(7)\qquad \begin{cases} y=0, \\ ac(b^2z+\theta)\,a^2b^2x=0, \end{cases}$$

Ces axes restent donc constamment dans le plan zOx et le lieu des sommets s'obtiendra par l'élimination de θ entre les équations (6) et (7), ce qui donne

$$(8)\begin{cases} y=0, \\ c(a^2x^2+b^2y^2+c^2z^2+2acyz+K)+2b^2(ax-cz)z=0. \end{cases}$$

C'est donc la courbe d'intersection du plan zOx avec la surface du second ordre

$$c\,[a^2x^2+b^2y^2+(a^2+b^2)\,z^2]+2ac^2yz+2ab^2zx+cK=0.$$

14. *Reconnaître les diverses surfaces représentées par l'équation*

$$a(x^2+2yz)+b(y^2+2zx)+c(z^2+2xy)=1,$$

et démontrer que la condition nécessaire et suffisante pour obtenir une surface de révolution est

$$\frac{1}{a}+\frac{1}{b}+\frac{1}{c}=0,$$

en supposant les axes des coordonnées rectangulaires.

(*École Polytechnique.* — 1861.)

L'équation des surfaces proposées peut s'écrire, en développant,

$$(1)\qquad ax^2+by^2+cz^2+2ayz+2bzx+2cxy-1=0,$$

et cette équation ne contenant aucun terme du premier degré, l'origine sera toujours un centre de la surface.

L'équation en S, de ces surfaces, sera

$$(2)\quad \begin{cases} S^3-(a+b+c)S^2-(a^2+b^2+c^2-bc-ab-ca)S \\ \qquad\qquad +a^3+b^3+c^3-3abc=0, \end{cases}$$

qui peut s'écrire en remarquant que

$$a^2+b^2+c^2-bc-ab-ca=\left(b-\frac{a+c}{2}\right)^2+\frac{3}{4}(c-a)^2,$$

$$a^3+b^3+c^3-3abc=(a+b+c)\left[\left(b-\frac{a+c}{2}\right)^2+\frac{3}{4}(c-a)^2\right],$$

et posant

$$\left(b-\frac{a+c}{2}\right)^2+\frac{3}{4}(c-a)^2=k^2,$$

$$S^3-(a+b+c)S^2-k^2S+(a+b+c)k^2=0.$$

Il est aisé de remarquer que cette équation admet comme racines

$$S=\pm k \quad \text{et} \quad S=a+b+c.$$

D'autre part, l'équation (1) ne contenant pas de termes du premier degré, le discriminant H de la forme obtenue en rendant homogène le premier membre de l'équation (1) au moyen d'une variable auxiliaire t aurait pour expression

$$H=1\times\Delta;$$

donc

$$\frac{H}{\Delta}=1.$$

L'équation réduite de ces surfaces rapportées à leurs plans principaux serait donc de la forme

$$(a+b+c)x^2-ky^2+kz^2-1=0;$$

si donc nous supposons, ce qui est le cas le plus général,

$$a \gtrless b \gtrless c \gtrless 0,$$

nous voyons que les surfaces représentées par l'équation (1) seront suivant que

$$a + b + c$$

sera ou plus grand ou plus petit que zéro, des hyperboloïdes à une seule nappe, ou à deux nappes, et que, pour le cas particulier où

$$a + b + c = 0,$$

elles deviennent des cylindres hyperboliques.

Nous avons encore à étudier le cas où l'on aurait $k = 0$; soit

$$\left(b - \frac{a+c}{2}\right)^2 + \frac{3}{4}(c - a) = 0,$$

ce qui ne peut avoir lieu que lorsque

$$a = b = c.$$

Mais alors l'équation réduite devient simplement

$$3ax^2 = 1,$$

qui représente un système de plans parallèles, réels ou imaginaires, suivant que a est positif ou négatif. Enfin, lorsque

$$a \gtrless b \gtrless c \gtrless 0,$$

l'équation représente des hyperboloïdes, et ces hyperboloïdes sont de révolution toutes les fois que l'on a

$$a + b + c = \pm k$$

ou

$$(a + b + c)^2 = a^2 + b^2 + c^2 - ab - bc - ac,$$

qui se réduit à

$$ab + bc + ca = 0$$

ou

$$\frac{1}{a} + \frac{1}{b} + \frac{1}{c} = 0.$$

Ce résultat peut s'obtenir d'une façon toute différente, et directement en considérant l'équation primitive

$$(1) \qquad ax^2 + by^2 + cz^2 + 2ayz + 2bzx + 2cxy - 1 = 0.$$

Si tout d'abord l'on suppose l'une des quantités a, b ou c nulle, il faut nécessairement, pour que la surface soit de révolution, que l'une des autres le soit. Supposons par exemple

$$b = c = 0,$$

les surfaces se réduisent alors à

$$ax^2 + 2ayz - 1 = 0,$$

et la condition générale de révolution

$$(A' - A)(A'' - A) - B^2 = 0$$

devenant ici à

$$a^2 - a^2 = 0$$

est par suite toujours vérifiée. Les surfaces sont dans ce cas des hyperboloïdes de révolution et deviennent des cônes pour a infini.

L'axe de révolution a pour équation dans ce cas

$$\begin{cases} x = 0, \\ y + z = 0, \end{cases}$$

droite située dans le plan zOy à l'intersection de ce plan avec le plan bissecteur du second dièdre formé par les plans xOy et zOx.

L'axe de révolution est donc la seconde bissectrice de l'angle zOy.

(Remarque. — Il est inutile d'envisager le cas où les trois rectangles seraient nuls dans l'équation (1), car alors elle se réduirait à

$$1 = 0,$$

c'est-à-dire à une impossibilité).

Supposons maintenant

$$a \gtrless b \gtrless c \gtrless 0.$$

Dans ce cas, la condition de révolution

$$S = A - \frac{B'B''}{B} = A' - \frac{B''B}{B'} = A'' - \frac{BB'}{B''}$$

se réduit à

$$(3) \qquad S = a - \frac{bc}{a} = b - \frac{ac}{b} = c - \frac{ab}{c},$$

relations qui donnent naissance aux suivantes :

$$a - b = c\,\frac{(b-a)(b+a)}{ab},$$

$$b - c = a\,\frac{(c-b)(c+b)}{bc},$$

$$c - a = b\,\frac{(a-c)(a+c)}{ac};$$

et comme

$$a - b, \qquad b - c, \qquad c - a$$

sont différents de zéro, ces trois relations se réduisent à la relation unique

$$ab + bc + ca = 0,$$

qui, en divisant par abc, s'écrit

$$\frac{1}{a} + \frac{1}{b} + \frac{1}{c} = 0.$$

Si deux des quantités a, b, c n'étant pas nulles sont égales entre elles, on ne peut plus opérer de cette façon. Examinons le cas où $b = c$ tout en restant différent de a; il est aisé de voir que dans ces conditions les équations (3) se réduisent à

$$a - \frac{b^2}{a} = b - a,$$

ce qui nous donne

$$b = c = -2a$$

et, dans ce cas encore, la condition

$$\frac{1}{a} + \frac{1}{b} + \frac{1}{c} = 0$$

se réduit à une identité.

Revenant au cas où

$$a \gtrless b \gtrless c \gtrless 0,$$

on trouve pour l'axe de révolution

$$ax = by = cz,$$

l'équation (1) ne possédant pas de termes du premier degré.

15. *x, y et z représentant des coordonnées rectangulaires et m un paramètre variable, on demande de déterminer les diverses surfaces que peut représenter l'équation*

$$(1) \quad x^2 + (2m^2 + 1)(y^2 + z^2) - 2(xy + yz + zx) = 2m^2 - 3m + 1,$$

m variant de $-\infty$ à $+\infty$.

(*École Polytechnique.* — 1858.)

Il existe plusieurs méthodes pour résoudre ce problème, nous emploierons ici l'équation en S qui permet de mener le calcul jusqu'au bout, avec beaucoup de simplicité et d'élégance.

L'équation en S des surfaces représentées par l'équation (1) est

$$(2)\qquad S^3-(4m^2+3)S^2+4m^2(m^2+2)S \\ -4(m^2+1)(m+1)(m-1)=0.$$

On peut remarquer, tout d'abord, que, quelle que soit la valeur du paramètre m, un seul des coefficients de cette équation peut changer de signe, c'est le dernier,

$$4(m^2+1)(m+1)(m-1),$$

qui reste positif pour toutes les valeurs de m comprises entre $-\infty$ et -1 et entre $+1$ et $+\infty$ et devient négatif pour les valeurs de m comprises entre -1 et $+1$.

D'autre part, le calcul du discriminant donne aussi

$$\Delta=4(m^2+1)(m+1)(m-1).$$

Si l'on rapporte une surface à ses plans principaux, son équation prend la forme (dans le cas des surfaces à centre)

$$S_1x^2+S_2y^2+S_3z^2+\frac{H}{\Delta}=0,$$

il faut donc aussi calculer $\frac{H}{\Delta}$.

L'équation de ces surfaces n'ayant pas de termes du premier degré, on peut en conclure, d'une part, que toutes les surfaces représentées par l'équation ont un centre à l'origine des coordonnées; et, d'autre part, $\frac{H}{\Delta}$ a pour valeur le terme constant de l'équation (1), c'est-à-dire

$$\frac{H}{\Delta}=2m^2-3m+1=2(m-1)\left(m-\frac{1}{2}\right);$$

$\frac{H}{\Delta}$ reste donc positif pour toutes les valeurs de m comprises entre $-\infty$ et $\frac{1}{2}$ et entre 1 et $+\infty$, il devient négatif pour toutes les valeurs de m comprises entre $\frac{1}{2}$ et 1.

Enfin, les surfaces représentées par l'équation (1) seront des cônes pour les valeurs de m qui annulent H sans annuler une des racines de l'équation en S, c'est-à-dire pour $m = \frac{1}{2}$.

Le Tableau suivant indique en regard des valeurs du paramètre arbitraire m, les signes des racines de l'équation en S et de $\frac{H}{\Delta}$. Les signes des racines de l'équation en S sont obtenus en appliquant la règle de Descartes, qui donne exactement le nombre des racines positives ou négatives de l'équation, puisqu'elle a toutes ses racines réelles.

m	$-\infty \ldots -1$	-1	$-1 \ldots \frac{1}{2}$	$\frac{1}{2}$	$\frac{1}{2} \ldots 1$	1	$1 \ldots +\infty$
Signes des racines de l'équation en S.....	+ + +	1 racine nulle. + +	+ + −	+ + −	+ + −	1 racine nulle. + +	+ + +
Signes de $\frac{H}{\Delta}$.	+	+	+	o	−	o	+

On conclut immédiatement de l'inspection de ce Tableau la nature des surfaces représentées par l'équation (1).

De $-\infty$ à -1, l'équation réduite contenant exclusivement des termes positifs, représentera des ellipsoïdes imaginaires.

Pour $m = -1$, on a un cylindre elliptique réel, car, pour cette valeur de m, l'équation en S a une racine nulle, et, d'autre part, la surface représentée par l'équation (1) pour cette valeur de m a une ligne de centres passant par l'origine des coordonnées.

Dans l'intervalle compris entre -1 et $\frac{1}{2}$, l'équation réduite aurait trois termes positifs pour un négatif.

L'équation (1) représente donc des hyperboloïdes à une

seule nappe, et pour $m = \frac{1}{2}$, elle représente un cône, puisque l'équation en S a ses trois racines réelles, l'une d'entre elles étant de signe contraire aux deux autres, en même temps que H devient nul.

De $m = \frac{1}{2}$ à $m = 1$, l'équation réduite aurait deux termes positifs et deux négatifs. L'équation (1) représente alors des hyperboloïdes à deux nappes, le cône trouvé pour $m = \frac{1}{2}$ forme la transition entre ces deux genres de surfaces.

Enfin, pour $m = 1$, l'équation en S a une racine nulle, en même temps que les deux autres racines sont de même signe, et que H et Δ sont nuls, la surface se réduit donc à un système de deux plans imaginaires se coupant et de $m = 1$ à $m = +\infty$, on retrouve encore des ellipsoïdes imaginaires pour les raisons qui ont déjà été indiquées.

Il est intéressant, pour compléter cette étude, de rechercher si les surfaces représentées par l'équation (1) peuvent être de révolution pour une valeur déterminée de m, et quelle est cette valeur.

Les trois rectangles étant différents de zéro, la condition de révolution est

$$1 + 1 = 2m^2 + 1 + 1,$$

qui donne

$$m = 0.$$

Cette valeur, se trouvant comprise dans le deuxième intervalle, il existera pour la valeur

$$m = 0$$

un hyperboloïde de révolution à une seule nappe, dont l'équation est

$$x^2 + y^2 + z^2 - 2(xy + yz + zx) = 1.$$

L'axe de cet hyperboloïde de révolution pour équations

$$x = y = z,$$

ainsi qu'on peut le voir immédiatement; c'est une droite passant par l'origine et également inclinée sur les trois axes Ox, Oy et Oz.

16. *On donne un cône du second degré, trouver le lieu des centres des sections faites par des plans passant par un point fixe ou par une droite fixe.*

(*École Normale.* — 1857.)

Plaçons l'origine des coordonnées au sommet du cône, et prenons comme axes trois droites rectangulaires passant par ce point; l'équation du cône sera

$$(1) \qquad f(x, y, z) = ax^2 + a'y^2 + a''z^2 + 2byz + 2b'zx + 2b''xy = 0.$$

Soient (p, q, r) les coordonnées du point fixe, un plan passant par ce point a pour équation

$$(2) \qquad \lambda(x - p) + \mu(y - q) + \nu(z - r) = 0.$$

λ, μ, ν, représentant les cosinus directeurs de la normale au plan.

Le centre de la section faite par ce plan dans le cône se trouvera au point d'intersection du plan et du diamètre conjugué à sa direction, qui a pour équations

$$(3) \qquad \frac{f'_x}{\lambda} = \frac{f'_y}{\mu} = \frac{f'_z}{\nu}.$$

Le lieu des centres s'obtient donc en éliminant les paramètres λ, μ et ν entre les équations (2) et (3) et cette élimination se fait aisément, les équations étant homogènes.

L'éliminant est

$$(x-p)f'_x+(y-q)f'_y+(z-r)f'_z=0,$$

et, en tenant compte de l'équation (1) et de la relation d'Euler sur les formes homogènes

$$(4)\qquad pf'_x+qf'_y+rf'_z=0.$$

Le lieu des centres des sections faites par un plan passant par le point (p, q, r) dans le cône proposé est donc un plan, passant par le sommet du cône et dont la normale admet pour cosinus directeurs des quantités proportionnelles à p, q et r.

C'est au surplus le plan polaire du point (p, q, r), relativement à la surface considérée.

Soient

$$(5)\qquad \begin{cases} P=lx+my+nz+p=0,\\ P'=l'x+m'y+n'z+p'=0, \end{cases}$$

les équations de la droite fixe; un plan quelconque passant par cette droite a pour équation

$$(6)\qquad \lambda P-\mu P'=0$$

λ et μ désignant des paramètres arbitraires, et les centres des sections faites par un tel plan dans le cône (1), sont à l'intersection de ce plan avec le diamètre conjugué à sa direction; or, les cosinus directeurs de la normale au plan (6) sont respectivement proportionnels à

$$\lambda l-\mu l',\qquad \lambda m-\mu m',\qquad \lambda n-\mu n',$$

le diamètre conjugué à cette direction a donc pour équations

$$(7)\qquad \frac{f'_x}{\lambda l-\mu l'}=\frac{f'_y}{\lambda m-\mu m'}=\frac{f'_z}{\lambda n-\mu n'}$$

et l'équation du lieu s'obtient en éliminant λ, μ et ν entre les équations (6) et (7).

17. *Une parabole étant donnée, on lui mène une normale en l'un des points situés avec le foyer sur une même perpendiculaire à l'axe. Trouver le lieu des sommets des sections faites par des plans contenant cette normale dans le cylindre dont la parabole donnée est la section droite.*

(*École Polytechnique.* — 1881.)

Prenons comme axes de coordonnées l'axe de la parabole

Fig. 13.

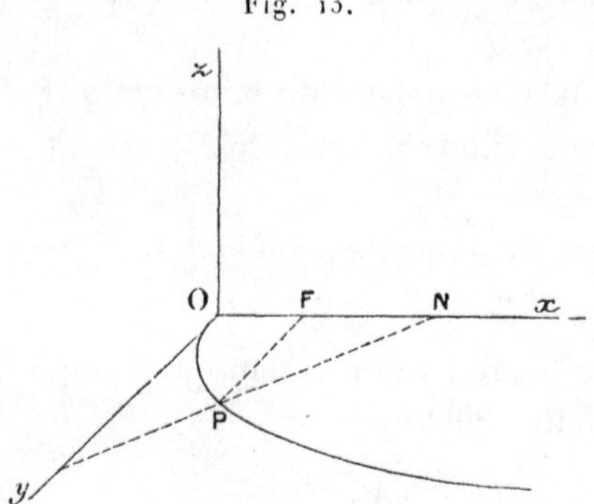

et sa tangente au sommet, et une perpendiculaire élevée à son plan par son sommet.

L'équation du cylindre proposé est alors

$$y^2 - 2px = 0. \tag{1}$$

Les coordonnées du foyer F dans le plan xOy étant $0, \frac{p}{2}$, on en déduit de suite pour coordonnées du point P situé avec le foyer sur une même perpendiculaire à Ox

$$\text{(P)} \qquad \frac{p}{2}, \qquad p,$$

et la normale PN à la parabole en ce point aura pour équation

$$\frac{x - \frac{p}{2}}{-p} = \frac{y - p}{p},$$

que l'on peut écrire en mettant en évidence les distances à l'origine des points où cette droite coupe Ox et Oy :

$$\frac{x}{\frac{3p}{2}} + \frac{y}{\frac{3p}{2}} - 1 = 0.$$

Par suite, un plan quelconque passant par cette droite aura pour équation

$$(2) \qquad \frac{x}{\frac{3p}{2}} + \frac{y}{\frac{3p}{2}} + \frac{z}{\lambda} - 1 = 0,$$

λ désignant un paramètre variable.

Le cylindre étant parabolique, toutes ses sections planes sont des paraboles, et un diamètre quelconque d'une de ces paraboles sera l'intersection d'un des plans diamétraux du cylindre, avec le plan représenté par (2).

Or un quelconque de ces plans diamétraux a pour équation

$$(3) \qquad y = \mu;$$

μ désignant un paramètre variable, un diamètre quelconque de la section faite dans le cylindre par le plan (2) sera donc représenté par l'ensemble des équations (2) et (3); et la tangente à l'extrémité d'un de ces diamètres est à l'intersection du plan tangent au cylindre le long de la génératrice

$$\begin{cases} y^2 - 2px = 0, \\ y = \mu, \end{cases}$$

avec le plan sécant représenté par (2).

Ce plan tangent ayant pour équation

$$px - \mu y + \frac{\mu^2}{2} = 0,$$

la tangente à l'extrémité du diamètre

$$(4) \qquad \begin{cases} \dfrac{x}{\frac{3p}{2}} + \dfrac{y}{\frac{3p}{2}} + \dfrac{z}{\lambda} - 1 = 0, \\ y - \mu = 0 \end{cases}$$

aura donc pour équations

$$(5) \qquad \begin{cases} px - \mu y + \dfrac{\mu^2}{2} = 0, \\ \dfrac{x}{\frac{3p}{2}} + \dfrac{y}{\frac{3p}{2}} + \dfrac{z}{\lambda} - 1 = 0 \end{cases}$$

et, pour que le point de rencontre de ces deux droites soit un sommet de la section, il suffit qu'elles soient rectangulaires.

Les cosinus directeurs de la première étant proportionnels respectivement à

$$-\frac{1}{\lambda}, \quad 0, \quad \frac{1}{\frac{3p}{2}},$$

ceux de la seconde à

$$-\frac{\mu}{\lambda}, \quad -\frac{p}{\lambda}, \quad \frac{p+\mu}{\frac{3p}{2}},$$

la condition de perpendicularité sera

$$(6) \qquad \frac{\mu}{\lambda^2} + \frac{p+\mu}{\left(\frac{3p}{2}\right)^2} = 0.$$

Les équations de l'axe des sections faites dans le cylindre par le plan mobile seront les équations (4) dans lesquelles on tiendra compte de la relation (6) et l'élimination de λ et μ entre ces trois équations donne le lieu des axes de toutes les sections.

L'élimination de λ et μ entre (4) et (6) se fait simplement; des équations (4) on tire

$$\left\{\begin{aligned} \frac{1}{\lambda} &= \frac{\dfrac{3p}{2} - (x+y)}{\dfrac{3p}{2}z}, \\ \mu &= y; \end{aligned}\right.$$

et en portant dans l'équation (6)

$$\frac{y\left[\dfrac{3p}{2} - (x+y)\right]^2}{\left(\dfrac{3p}{2}\right)^2 z^2} + \frac{y+p}{\left(\dfrac{3p}{2}\right)^2} = 0,$$

qui devient

$$(7) \qquad y\left[\frac{3p}{2} - (x+y)\right]^2 + z^2(y+p) = 0.$$

C'est l'équation d'une surface réglée, lieu des axes des sections faites dans le cylindre par le plan (2), le lieu des sommets demandé sera donc l'intersection de cette surface avec le cylindre

$$(1) \qquad y^2 - 2px = 0.$$

III

ÉNONCÉS.

ÉNONCÉS.

I. — École Polytechnique.

1842. — 1° Étant donnés un triangle ABC et deux points P et Q sur la base AB, on mène, par ces deux points, deux droites rencontrant respectivement les côtés CA, CB en deux points a, b, variables de telle manière qu'on ait la relation

$$p\,\frac{\mathrm{C}a}{\mathrm{A}a}+q\,\frac{\mathrm{C}b}{\mathrm{B}b}=1,$$

p et q étant des constantes : trouver le lieu géométrique du point de rencontre des droites Pa, Qb.

2° Par un point fixe O, pris dans le plan d'une ellipse, on mène arbitrairement une sécante Omm' et un diamètre aa' parallèle à cette sécante; puis on prend sur la sécante un point M tel que $\mathrm{OM}=\frac{\overline{aa'}^2}{mm'}$, mm' étant le segment déterminé par l'ellipse sur la sécante mobile : on demande le lieu géométrique des points M.

1849. — Lyon. Lieu des projections du sommet d'une parabole sur ses tangentes; trouver ses asymptotes.

Douai. Conditions de similitude de deux courbes en général; théorie des levers des plans par la Géométrie et la Trigonométrie.

Lieu des sommets des hyperboles ayant une asymptote commune et une directrice commune.

Strasbourg. 1° Construction des racines des équations des deuxième, troisième et quatrième degrés en les ramenant à la construction d'un cercle et d'une courbe du deuxième degré. — 2° Soient un angle

ABC; A, C deux points pris sur ses côtés; par son sommet B, on mène une droite quelconque By; des points A et C on abaisse sur cette droite les perpendiculaires AD, CE. Trouver le lieu du point O, milieu du segment DE de By compris entre les pieds des perpendiculaires

1851. — PARIS. *Première série.* Exposer la méthode de Newton pour calculer approximativement les racines des équations numériques.

Calculer la plus grande racine de l'équation

$$x^3 - 7x + 7 = 0$$

à 0,001 près.

Deuxième série. Démontrer que lorsqu'on substitue une suite de nombres équidistants dans une fonction entière de degré m et qu'on forme les différences des divers ordres, entre les résultats, les différences de l'ordre m sont égales.

Décomposer en fractions simples l'expression

$$\frac{x^3}{(x^2+1)^2(x+1)}.$$

Troisième série. Qu'est-ce que la dérivée d'une fonction? Trouver les dérivées de $\sin x$, $\cos x$, $\operatorname{tang} x$, $\log \cos x$.

Quatrième série. Exposer la multiplication des polynômes.

Résoudre l'équation

$$x^3 + x^2 - 2x - 1 = 0.$$

1852. — *Première* et *deuxième séries.* Résoudre et discuter l'équation

$$ax^2 + bx + c = 0.$$

Donner à moins de $\frac{1}{1000}$ les valeurs numériques des racines de l'équation

$$\frac{1}{1225}x^2 - 10x + 1 = 0.$$

Troisième et *quatrième séries.* Exposer la théorie des racines égales et l'appliquer à l'équation

$$x^4 - 2x^3 + 2x^2 - 2x + 1 = 0,$$

en indiquant les simplifications qu'on peut, dans cet exemple, apporter aux calculs.

Cinquième et *sixième séries*. Exposer la méthode de la résolution des équations numériques du premier degré à deux inconnues et la discussion des formules.

1853. — *Première série*. Faire connaître une méthode pour calculer les valeurs approchées des racines incommensurables d'une équation algébrique.

On indiquera l'usage des constructions graphiques pour l'application de la méthode.

Deuxième série. Construire la courbe $y = \frac{F'(x)}{F(x)}$. F (x) est un polynôme du quatrième degré dont les racines sont réelles et inégales : F$'$ (x) sa dérivée.

Déterminer les asymptotes de la courbe et la tangente en un de ses points.

Troisième série. Exposer la théorie des triangles sphériques et des petits cercles considérés sur la sphère.

Mettre particulièrement en évidence, dans cet exposé, les théorèmes analogues à ceux qui concernent les triangles rectilignes et le cercle en Géométrie plane.

1854. — *Première* et *deuxième séries*. Exposer la méthode de Newton pour le calcul des racines d'une équation numérique. On donnera l'interprétation géométrique de cette méthode.

Appliquer à l'équation

$$x^3 - 3x^2 - 3x - 1 = 0.$$

Troisième et *quatrième séries*. Exposer les considérations géométriques sur lesquelles repose la résolution de deux équations du second degré à deux inconnues.

Appliquer à

$$\begin{cases} y^2 - 3xy + 2x^2 - 6x = 0, \\ y^2 + 2y - 2x^2 + 2 = 0. \end{cases}$$

On fera voir géométriquement pourquoi ces deux équations n'admettent ici que trois solutions communes.

1855. — *Première série*. On donne l'équation

$$x^3 + y^3 + z^3 = a^3,$$

trouver les droites situées sur cette surface, l'intersection des plans passant par ces droites avec la surface.

Deuxième série. $x = \tan x$. Démontrer que cette équation a une infinité de racines. Calculer la plus petite racine positive à $\frac{1}{10000}$ près.

Troisième série. Trouver avec la précision que comportent les Tables de logarithmes les quatre points d'intersection d'une ellipse et d'une hyperbole qui ont un foyer commun F et dont les centres sont respectivement O, O'. On donne l'angle $OFO' = d$; les deux demi-axes a, b de l'ellipse; a' et b' de l'hyperbole. Faire le calcul dans le cas où

$$d = 22^\circ 30', \qquad a = 10, \qquad b = 7, \qquad a' = 1, \qquad b' = 1.$$

1856 ([1]). — Discuter l'équation

$$\rho^2 = A + B \sin\omega + C \sin^2\omega$$

et faire la classification des courbes qu'elle peut représenter quand on considère ρ et ω comme des coordonnées polaires.

1857. — Trouver le nombre des racines réelles qu'admet l'équation

$$x = A \sin x + B$$

pour chaque système de valeurs des coefficients A et B et effectuer la séparation de toutes ces racines.

Application à l'équation

$$x = 3{,}142 \sin x + 1{,}57$$

(Solution par M. Dupain. — *Nouvelles Annales*; 1re Série, t. XVI, p. 376.)

1858. — x, y, z désignant des coordonnées rectangulaires et m un paramètre variable, on demande de déterminer les diverses surfaces que peut représenter l'équation

$$x^2 + (2m^2 + 1)(y^2 + z^2) - 2(xy + xz + yz) = 2m^2 - 3m + 1,$$

m variant de $-\infty$ à $+\infty$.

(Solution par M. Brault. — *Nouvelles Annales*; 1re Série, t. XVIII, p. 220.)

1859. — La corde AB du cercle O partage la surface de ce cercle en deux segments, tels que le plus grand est moyen proportionnel entre le plus petit et le cercle entier.

([1]) A partir de 1856, il n'y a qu'une seule composition pour tous les candidats. Quelques-uns d'entre eux ne pouvant pas prendre part à la composition générale concourent plus tard. Le sujet ainsi donné est intitulé dans ce qui suit *Deuxième sujet*.

On demande de calculer, à $\frac{1}{10}$ de seconde près, le plus petit des deux arcs sous-tendus par la corde AB.

1860. — Étant donnée la parabole CAB, la sécante MAB se meut sous la condition que les normales menées à la parabole par les points d'intersection A et B se coupent en un point C de cette courbe. Par ce point C on mène le tangente CM qui coupe la sécante MAB en un point M.

Cela posé, on demande de trouver l'équation de la courbe décrite par le point M, quand la sécante MAB prend toutes les positions compatibles avec la condition à laquelle elle est assujettie; on construira cette courbe qui est du troisième degré.

1861. — Reconnaître les diverses surfaces que peut représenter l'équation

$$a(x^2+2yz)+b(y^2+2zx)+c(z^2+2xy)=1$$

et démontrer que la condition nécessaire et suffisante pour obtenir une surface de révolution est

$$\frac{1}{a}+\frac{1}{b}+\frac{1}{c}=0,$$

en supposant les axes de coordonnées rectangulaires.

(Solution par M. DARBOUX. — *Nouvelles Annales* ; 1re Série, t. XX, p. 384.)

1862. — Trouver le lieu des centres des surfaces représentées par l'équation

$$x^2+y^2-z^2+2pxz+2qyz-2ax-2by-2cz=0$$

(a, b, c étant des nombres positifs donnés, p et q des paramètres variables) : 1° lorsque p et q varient de toutes les manières possibles; 2° lorsque p et q varient de manière à ce que l'équation représente un cône.

Distinguer la partie du lieu qui correspond à des hyperboloïdes à une nappe de celle qui correspond à des hyperboloïdes à deux nappes.

(Solution par M. DE LYS. — *Nouvelles Annales*; 2e Série, t. II, p. 5.)

1863. — *Premier sujet*. On donne sur un plan deux circonférences C et C'; d'un point A de C, on mène des tangentes à C', on joint les points de contact de ces tangentes; cette droite coupe la tangente menée en A à la circonférence C en un point M : on demande l'équation du lieu décrit par M, lorsque A parcourt la circonférence C.

Examiner les différentes formes de ce lieu selon la grandeur et la position relative des circonférences C et C'.

Indiquer les cas où il se décompose : faire voir que le lieu des points M est tangent à la circonférence C en chacun des points d'intersection de cette courbe et de la circonférence C'.

(Solution par M. Lemonnier. — *Nouvelles Annales*; 2e Série, t. II, p. 460.)

Deuxième sujet. On donne sur un plan une courbe de deuxième degré σ, et une circonférence décrite de l'un de ses foyers F comme centre; en chaque point M de la conique σ, on trace la normale à cette courbe; on mène des tangentes au cercle F par les deux points où cette normale le rencontre; ces deux tangentes se coupent en un point T.

On demande le lieu que décrit le point T, lorsque le point M parcourt la courbe σ.

Examiner les différentes formes de ce lieu selon le genre de la conique σ et la grandeur du rayon de la circonférence donnée.

1864. — *Premier sujet.* On donne le cercle représenté par l'équation

$$x^2 + y^2 = 1$$

et la parabole représentée par l'équation

$$\beta^2 x^2 - 2\alpha\beta xy + \alpha^2 y^2 + 2\alpha x + 2\beta y = \frac{3\alpha^2 + \beta^2 - 1}{\alpha^2}$$

où α et β sont des paramètres positifs quelconques.

On propose de déterminer : 1° le nombre des points réels communs aux deux courbes pour les différentes valeurs de α et de β; 2° les coordonnées des quatre points communs lorsque $\alpha^2 + \beta^2 = 1$, lorsque $\alpha = 1$ avec $\beta > 0$, lorsque $\beta = \sqrt{(\alpha^2 - 1)(4\alpha^2 - 1)}$.

Deuxième sujet. On donne sur un plan une circonférence O, un point A et une droite D; du point A on mène une droite qui coupe D au point B; sur AB comme diamètre on décrit une circonférence; cette circonférence et la circonférence O ont pour corde commune une droite qui rencontre AB en M. On demande le lieu décrit par le point M lorsque la droite AB tourne autour du point A.

1° Le point A et la circonférence O étant fixes, examiner quelles sont les différentes formes que présente le lieu M lorsque l'on considère des droites telles que D parallèles entre elles.

2° Faire voir que les différentes courbes ainsi obtenues passent par quatre points fixes et ont leurs axes parallèles.

(Solution par M. Cayla. — *Nouvelles Annales*; 2ᵉ Série, t. V, p. 474.)

1865. — On donne dans un plan une parabole. On considère une circonférence passant par le foyer de cette parabole. On propose d'indiquer les régions du plan où doit se trouver le centre de la circonférence pour que cette courbe ait successivement avec la parabole : quatre points réels communs, quatre points imaginaires communs, deux points réels et deux points imaginaires communs. On étudiera la forme et les propriétés de la courbe qui sépare les deux premières régions de la troisième.

(Solution par M. Moessard. — *Nouvelles Annales* ; 2ᵉ série, t. V, p. 21.)

1866. — Étant données une parabole

$$y^2 = 2px$$

et une hyperbole équilatère

$$xy = m^2$$

ayant pour asymptotes l'axe et la tangente au sommet de la parabole, on propose :

1° De former l'équation ayant pour racines les abscisses ou les ordonnées des pieds des normales communes aux deux courbes;

2° De déduire de cette équation que le nombre des normales communes réelles est au moins *un* et au plus *trois*;

3° De démontrer que lorsque $7p^4$ est plus grand que $2m^4$, il n'y a qu'une normale commune réelle.

(Solution par M. Choron, suivie d'une note de M. Gérono. — *Nouvelles Annales*; 2ᵉ Série, t. VI, p. 252.)

1867. — Étant donnés un triangle BOA rectangle en O, et une droite D située sur le plan de ce triangle, on propose :

1° De former l'équation générale des hyperboles équilatères circonscrites au triangle BOA;

2° De calculer l'équation du lieu L des points où ces différentes hyperboles ont pour tangentes des parallèles à D;

3° D'examiner les différentes formes du lieu L correspondantes aux différentes directions de la droite D.

1868. — Soient deux paraboles P_1, P_2 ayant toutes deux pour foyer le point fixe O, et pour axes respectifs les deux droites fixes Ox, Oy perpendiculaires l'une sur l'autre : menant à ces deux courbes une tangente commune qui touche P_1 en M_1 et P_2 en M_2; prenons le milieu M de la portion de droite $M_1 M_2$.

On demande le lieu du point M lorsque les paramètres des paraboles varient de manière que la tangente commune $M_1 M_2$ passe constamment par un point fixe A.

1869. — On donne un triangle rectangle isocèle AOB et l'on demande :

1° L'équation générale des paraboles P, tangentes aux trois côtés du triangle AOB;

2° L'équation de l'axe de l'une quelconque de ces paraboles;

3° L'équation et la forme du lieu des projections du point O, sommet de l'angle droit du triangle AOB, sur les axes des paraboles P.

(Solution anonyme. — *Nouvelles Annales*; 2e Série, t. VIII, p. 379.)
(Autre Solution par M. Hilaire. — p. 381.)

1870. — *Premier sujet.* Exposer la théorie des asymptotes rectilignes des courbes algébriques en l'accompagnant d'exemples.

Deuxième sujet. On donne une circonférence O et un point P dans son plan; on mène par le point P une droite PA qui coupe la circonférence en A; sur le rayon OA on élève au point O une perpendiculaire à OA; elle coupe la droite PA en M. — On demande le lieu du point M.

On examinera les différentes formes de la courbe suivant la position du point P dans le plan.

1871. — *Il n'y a pas eu de composition de Mathématiques.*

1872. — On donne deux axes de coordonnées rectangulaires et deux droites A et B respectivement parallèles aux axes, et l'on demande :

1° De former l'équation générale des courbes du second degré qui ont pour centre l'origine des coordonnées et qui admettent comme normales les droites données A et B;

2° De démontrer que, par un point du plan, il passe en général trois de ces courbes, à savoir deux ellipses et une hyperbole;

3° De faire connaître les points du plan pour lesquels cette règle générale souffre une exception.

(Solution anonyme. — *Nouvelles Annales*; 2e Série, t. XI, p. 454.)

1873. — On donne un cercle et un point A, et l'on demande le lieu des centres des hyperboles équilatères assujetties à passer par le point donné A et à toucher en deux points le cercle donné.

On discutera la courbe obtenue pour les différentes positions du point A, et l'on démontrera que, dans le cas général, les points de contact des tangentes qu'on peut mener au lieu par le point A sont situés sur une circonférence de cercle.

(Solution par M. Heurtault. — *Nouvelles Annales*; 2e Série, t. XIII, p. 93.)

1874. — Étant donnés un triangle et un point M, on sait que l'on peut généralement faire passer par ce point deux paraboles circonscrites au triangle.

Cela posé, on demande de construire et de discuter le lieu des points M pour lesquels les axes des deux paraboles correspondantes font un angle donné.

(Solution par M. Tourettes. — *Nouvelles Annales*; 2e Série, t. XIV, p. 172.)

1875. — Trouver le lieu géométrique de l'intersection des deux normales menées à la parabole aux deux extrémités de toutes les cordes dont les projections orthogonales sur une perpendiculaire à l'axe ont une même valeur.

Que dire du cas où l'on fait tendre vers zéro cette valeur de la projection? Revenant au cas général, on propose de mener par un point quelconque du lieu trois normales à la parabole.

Application particulière au point maximum du lieu.

Question retirée. — Une conique donnée de forme et de grandeur se déplace de manière que chacun de ses foyers reste sur une droite donnée.

Dans chaque position, on mène à la conique des tangentes parallèles à la droite que décrit l'un des foyers.

Déterminer le lieu des points de contact.

(Solution par M. Moret-Blanc. — *Nouvelles Annales*; 2e Série, t. XVII, p. 116.)

1876. — *Admissibilité* (1). 1o Expliquer la recherche du lieu des milieux des cordes parallèles à la droite qui joint l'origine au point

(1) De 1876 à 1879 inclus les candidats n'étaient admis à l'examen oral d'admissibilité qu'après avoir satisfait à un examen écrit portant sur les Mathématiques, la Physique, la Chimie et le Dessin graphique.

dont les coordonnées sont $x=2$, $y=-1$, $z=1$, pour la surface représentée par l'équation

$$(1) \qquad x^2+2y^2-3z^2+2xy+5x+z=0.$$

Nota. — L'explication doit être faite sur les données numériques qui ont été indiquées et non avec des relations générales littérales, faute de quoi la composition serait considérée comme nulle et non avenue.

2° On demande de trouver les limites entre lesquelles doit varier le coefficient a pour que l'équation

$$3x^4-4x^3-12x^2+a=0$$

ait ses quatre racines réelles.

(Solutions par M. Moret-Blanc. — *Nouvelles Annales*; 2e Série, t. XVI, p. 264.)

Admission. On considère une hyperbole équilatère fixe et une infinité de cercles concentriques à cette courbe. A chacun de ces cercles, on mène des tangentes qui soient en même temps normales à l'hyperbole. On prend le milieu de la distance qui sépare le point de contact du cercle variable du point d'incidence sur l'hyperbole fixe. On demande le lieu géométrique de ces milieux.

Si l'équation se présente sous une forme irrationnelle, on aura à la rendre rationnelle. En second lieu, on exprimera en fonction du rayon du cercle les coordonnées du point d'incidence, en s'attachant à spécifier les solutions réelles distinctes.

(Solution par M. Moret-Blanc. — *Nouvelles Annales*; 2e Série, t. XVI, p. 266.)

1877. — *Admissibilité.* 1° On donne la surface qui, par rapport à un système de plans coordonnés rectangulaires, a pour équation

$$3x^2-3y^2+z^2-2yz-4xz+8xy-8x+6y+2z=0.$$

On demande de trouver l'équation de la même surface par rapport à un système de plans principaux.

On admettra comme connue l'équation générale des plans diamétraux, et l'on fera directement sur l'équation donnée les raisonnements et les calculs nécessaires pour la solution de la question proposée.

2° Démontrer que dans une équation à coefficients réels, qui a toutes ses racines réelles, le nombre des racines positives est égal au nombre des variations du premier membre ordonné suivant les puissances de l'inconnue. On supposera démontrée la règle des signes de Descartes.

Admission. On donne l'équation

$$\frac{x^2}{a^2} - \frac{y^2}{b^2} = 1$$

d'une hyperbole rapportée à ses axes et les coordonnées μ, ν d'un point M de son plan.

Par le point M on mène deux tangentes à l'hyperbole la touchant aux points A, B. On mène le cercle passant par ces points A, B et le centre O de l'hyperbole. Ce cercle rencontre l'hyperbole en deux points C et D, distincts de A et de B; trouver l'équation de la droite CD.

Si le point M décrit une droite du plan, aux diverses positions du point M correspondront diverses positions de la droite CD; quel est le lieu des pieds des perpendiculaires abaissées du centre de l'hyperbole sur ces droites?

(Solution par M. Lez. — *Nouvelles Annales*; 2e Série, t. XVII, p. 193.)

1878. — *Admissibilité.* 1° Exposer la méthode de Newton (méthode fondée sur la considération des dérivées) pour trouver une limite supérieure des racines positives d'une équation numérique.

2° Construire la courbe dont les coordonnées par rapport à deux axes rectangulaires sont données par les formules

$$x = \frac{t}{1 - t^2} \qquad \text{et} \qquad y = \frac{t(1 - 2t^2)}{1 - t^2},$$

t étant un paramètre variable.

Admission. On donne une droite dont l'équation par rapport à deux axes rectangulaires Ox, Oy est $\frac{x}{p} + \frac{y}{q} = 1$, et l'on considère les différentes coniques qui, ayant pour axes Ox et Oy, sont normales à la droite D.

Chacune d'elles rencontre cette droite en deux points. En ces points on mène les tangentes à la conique. Trouver l'équation du lieu du point de rencontre de ces tangentes.

Démontrer : 1° que ce lieu est une parabole; 2° que la distance du foyer de cette parabole à son sommet est le quart de la distance du point O à la droite D. On construira géométriquement l'axe et le sommet de la parabole.

(Solution par M. Borel. — *Nouvelles Annales*; 2ᵉ Série, t. XVIII, p. 234.)
(Solution géométrique par M. Mannheim. — *Nouvelles Annales*; 2ᵉ Série, t. XVII, p. 408.)

1879. — *Admissibilité.* 1° Comment déduit-on du théorème de Sturm les conditions de réalité de toutes les racines d'une équation algébrique de degré donné?

2° Construire la courbe dont l'équation en coordonnées polaires est

$$\rho = \frac{\sin\omega}{2\omega - 3\cos\omega}.$$

Admission. On donne une conique rapportée à ses axes

$$\frac{x^2}{A} + \frac{y^2}{B} = 1$$

et un point M sur cette conique ; par les extrémités d'un diamètre quelconque de la courbe et le point M on fait passer un cercle ; prouver que le lieu décrit par le centre de ce cercle est une conique K passant par l'origine O des axes. Si autour du point O on fait tourner deux droites rectangulaires, elles rencontrent la conique K en deux points : prouver que le lieu des points de rencontre des tangentes menées en ces points est la droite perpendiculaire au segment OM, et passant par le milieu de ce segment.

Par le point O on peut mener, indépendamment de la normale qui a son pied au point O, trois autres droites normales à la conique K.

1° Dans le cas particulier où la conique donnée est une hyperbole équilatère et où l'on a $A = 1$ et $B = 1$, montrer qu'une seule de ces normales est réelle et calculer les coordonnées de son pied.

2° Dans le cas général, trouver l'équation du cercle circonscrit au triangle formé par les pieds de ces trois normales.

Observation. — Le pied d'une normale est le point de la courbe d'où part la normale.

(Solution par M. Moret-Blanc. — *Nouvelles Annales*; 2ᵉ Série, t. XX, p. 65.)
(Solution géométrique par M. Mannheim. — *Nouvelles Annales*; 2ᵉ Série, t. XIX, p. 5.)

1880. — Soient M et N les points où l'axe des x rencontre le cercle $x^2 + y^2 = R^2$; considérons une quelconque des hyperboles équilatères qui passent par les points M et N ; menons, par un point Q pris arbitrairement sur le cercle, des tangentes à l'hyperbole.

Soient A et B les points où le cercle coupe la droite qui joint les points de contact. Démontrer que, des deux droites QA et QB, l'une est parallèle à une direction fixe et l'autre passe par un point fixe P.

Le point P étant donné, l'hyperbole équilatère correspondante qui passe par les points M et N est déterminée ; on construira géométriquement son centre, ses asymptotes et ses sommets. Si le point P décrit la droite $y = x$, quel est le lieu décrit par les foyers de l'hyperbole ? On déterminera son équation et on le construira.

(Solution par M. Lez. — *Nouvelles Annales* ; 2e Série, t. XX, p. 127.)
(Solution géométrique par M. Mannheim. — *Nouvelles Annales* ; 2e Série, t. XIX, p. 337.)

1881. — *Premier sujet.* Une parabole étant donnée, on lui mène une normale en l'un des points P situés, avec le foyer F, sur une même perpendiculaire à l'axe.

Trouver le lieu des sommets des sections faites par des plans contenant cette normale dans le cylindre dont la parabole donnée est la section droite.

(Solution par M. J.-B. Pomey. — *Nouvelles Annales* ; 3e Série, t. I, p. 111.)
(Solution par M. H. Cartier. — *Nouvelles Annales* ; 3e Série, t. II, p. 420.)

Deuxième sujet. On donne une asymptote d'une hyperbole et un point P de la courbe. Sachant que l'un des foyers décrit la perpendiculaire menée du point P sur l'asymptote considérée, on demande le lieu du point M d'intersection de la seconde asymptote avec la directrice correspondant au foyer donné.

1882. — On donne deux cercles se coupant aux points A et B. Une conique quelconque passant par ces points et tangente aux deux cercles rencontre l'hyperbole équilatère, qui a ces points pour sommets, en deux autres points C et D :

1° Démontrer que la droite CD passe par un des centres de similitude des deux cercles donnés ;

2° Si l'on considère toutes les coniques qui, passant par A et B, sont tangentes aux deux cercles, démontrer que le lieu de leurs centres se compose de deux circonférences E et F ;

3° Soit une conique satisfaisant à la question et ayant son centre sur l'une des circonférences E ou F ; démontrer que les asymptotes de cette conique rencontrent cette circonférence en deux points fixes situés sur l'axe radical des deux circonférences données.

(Solution par M. A. Hilaire. — *Nouvelles Annales* ; 3e Série, t. II, p. 504.)

(Solution géométrique par M. Mannheim. — *Nouvelles Annales*; 3e Série, t. I, p. 351.)

1883. — On donne une parabole et une droite. Trouver le lieu des points tels que les tangentes menées de chacun d'eux à la parabole forment avec la droite donnée un triangle de surface donnée.

1884. — On donne une conique

$$\frac{x^2}{a^2} + \frac{y^2}{a^2 - c^2} = 1;$$

on joint un point M de cette conique aux deux foyers F, F':

1° On demande d'exprimer les coordonnées du centre du cercle inscrit dans l'intérieur du triangle MFF', au moyen des coordonnées du point M ;

2° Dans le cas où la conique donnée est une ellipse, on démontrera que, si l'on considère les cercles inscrits dans deux triangles correspondant à deux points M et M' de la conique, l'axe radical de ces deux cercles passe par le point milieu du segment MM';

3° Pour chaque position du point M, le rayon vecteur FM touche le cercle correspondant en un point P : on déterminera en coordonnées polaires l'équation du lieu décrit par le point P. (On prendra le foyer F pour origine des rayons et l'axe des x pour origine des angles.)

Nota. — Dans toutes ces questions, il est nécessaire de distinguer le cas où la conique donnée est une ellipse de celui où elle est une hyperbole.

(Solution géométrique par M. Mannheim. — *Nouvelles Annales* ; 3e Série, t. III, p. 449.)

(Solution par M. Goffart. — *Nouvelles Annales*; 3e Série, t. VI, p. 395.)

1885. — *Premier sujet.* Par les deux foyers d'une ellipse fixe, on fait passer une circonférence variable :

1° A quelle condition doit satisfaire cette ellipse pour que la circonférence puisse réellement la rencontrer en quatre points, et dans quelle portion du petit axe doit-on placer le centre du cercle pour qu'il y ait effectivement quatre points réels d'intersection ?

2° En chacun des points d'intersection, on mène la tangente à l'ellipse, ces quatre droites forment un quadrilatère ; quel est le lieu des sommets de ce quadrilatère quand le cercle varie ?

3° Quel est le lieu de l'intersection des côtés de ce quadrilatère avec ceux d'un autre quadrilatère symétrique du premier par rapport au centre de l'ellipse ?

4° On considère les tangentes communes au cercle et à l'ellipse. Trouver le lieu de leurs points de contact avec le cercle.

(Solution par M. Juhel-Renoy. — *Nouvelles Annales* ; 3e Série, t. IV, p. 498.)
(Solution géométrique par M. Mannheim. — *Nouvelles Annales* ; 3e Série, t. IV, p. 345.)

Deuxième sujet. Soient les deux paraboles données

$$y^2 - 2p_1 x + 6x - 1 = 0,$$
$$y^2 - 2p_2 x - 4x + 3 = 0.$$

On demande

1° De trouver les relations du second degré en u et v

$$f_1(u, v) = 0, \qquad f_2(u, v) = 0,$$

qui expriment que la droite

$$ux + vy + 1 = 0$$

est tangente soit à l'une, soit à l'autre de ces courbes ;

2° De trouver les racines de l'équation du troisième degré en μ qui exprime que la combinaison linéaire

$$f_1 + \mu f_2 = 0$$

se décompose en deux facteurs linéaires en u et v ;

3° Démontrer que, l'une de ces racines fournissant une décomposition de la forme

$$u(\alpha u + \beta v + \gamma) = 0,$$

α, β, γ sont les coordonnées homogènes du point de rencontre P des deux tangentes communes à distance finie des deux paraboles.

1886. — On donne un rectangle ABA'B'. Deux hyperboles équilatères A et B, ayant toutes deux leurs asymptotes parallèles aux côtés du rectangle, passent : l'une A par les sommets opposés A et A' ; l'autre B par les sommets opposés B et B'.

1° Démontrer que le centre de l'hyperbole A a, par rapport à l'hyperbole B, la même polaire P que le centre de l'hyperbole B, par rapport à l'hyperbole A ; 2° le rectangle restant fixe, on fait varier en même temps les deux hyperboles, de manière qu'elles soient égales entre elles sans être symétriques par rapport à l'un des axes du rectangle : examiner si elles se coupent en des points réels. Trouver le lieu du milieu de la droite qui joint leurs centres et prouver que la droite P est constamment tangente à ce lieu; 3° si l'on prend une quelconque des hyperboles A et une quelconque des hyperboles B, il existe une infinité de rectangles ayant, comme le rectangle donné, les sommets opposés sur chacune de ces hyperboles, et les côtés parallèles aux asymptotes : trouver le lieu des centres de ces rectangles.

(Solution géométrique par M. MANNHEIM. — *Nouvelles Annales*; 3e Série, t. V, p. 401.)

1887. — On donne dans un plan un point ω fixe, et deux axes rectangulaires fixes Ox, Oy. Par le point ω, on fait passer deux droites rectangulaires rencontrant Ox en B et D, Oy en A et C. Par les points A, B, on fait passer une parabole P tangente aux axes Ox et Oy en ces points; par les points C, D, on fait passer une parabole P tangente aux axes Ox et Oy en ces points.

On fait tourner les droites rectangulaires AB, CD autour du point ω, et l'on demande :

1° Les équations des paraboles P, P', de leurs axes et de leurs directrices;

2° L'équation du lieu du point de concours des axes et des directrices;

3° L'équation du lieu du point de concours de leurs axes, qui se compose de deux cercles;

4° On prouvera que la distance des foyers est constante.

(Solution par M. BARISIEN. — *Nouvelles Annales*; 3e Série, t. VII, p. 244.)

1888. — On donne un quadrilatère plan OACB, et deux séries de paraboles, les unes tangentes en A et AC et ayant pour diamètre OA, les autres tangentes en B à BC et ayant pour diamètre OB.

On demande :

1° De trouver le lieu du point de contact M d'une parabole de la première série avec une parabole de la deuxième série;

2° D'indiquer, en laissant le triangle AOB invariable, dans quelle région du plan il faut placer le point C pour que le lieu soit une ellipse et pour qu'il soit une hyperbole;

3° De démontrer, dans l'hypothèse où OACB est un parallélogramme, que la tangente commune en M aux deux paraboles pivote autour du point de concours K des médianes du triangle ABC;

4° De trouver, dans la même hypothèse, le lieu du point d'intersection P de la tangente en M aux deux paraboles avec l'autre tangente commune DE que l'on peut mener à ces deux courbes.

NOTA. — On représentera la longueur OA par a et la longueur OB par b.

(Solution par M. BRISSE. — *Nouvelles Annales*; 3e Série, t. VII, p. 305.)

(Solution géométrique par M. ROUX. — *Nouvelles Annales*; 3e Série t. VII, p. 384.)

1889. — Étant donnés, dans un plan, deux axes de coordonnées rectangulaires OX et OY, et deux séries de paraboles : les unes (P), de paramètre p, tangentes à OY du côté des X positifs et ayant leur axe parallèle à OX; les autres (Q), de paramètre q, tangentes à OX du côté des Y positifs et ayant leur axe parallèle à OY.

On demande :

1° De trouver le lieu décrit par le centre d'une conique qui se déplace, sans changer de grandeur, en passant constamment par les points communs à l'une des paraboles (P) et à l'une des paraboles (Q);

2° De démontrer que, quand on associe une parabole P et une parabole Q, de manière que la droite qui joint leurs foyers respectifs reste constamment parallèle à une direction donnée, la somme des angles que font les tangentes communes à ces deux paraboles avec un axe fixe, OX par exemple, demeure constante; et de trouver, dans ces conditions, le lieu du point de rencontre des axes des deux paraboles;

3° De placer une parabole P et une parabole Q de façon qu'elles aient trois points communs confondus en un seul, et de calculer, pour cette position des deux courbes, les coordonnées de leur point commun et le coefficient angulaire de leur tangente commune en ce point;

4° De démontrer que tout triangle circonscrit à la fois à l'une quelconque des paraboles P et à l'une quelconque des paraboles Q est inscrit dans une conique fixe, et de trouver l'équation de cette conique.

1890. — On donne, dans un plan, une hyperbole équilatère H, dont l'équation par rapport à ses axes pris pour axes de coordonnées est

$$x^2 - y^2 = a^2;$$

d'un point M du plan, ayant pour coordonnées $x = p$, $y = q$, on mène des normales à cette courbe.

On demande :

1° De faire passer par les pieds de ces normales une nouvelle hyperbole équilatère, dont les normales en ces points soient concourantes, et de déterminer leur point de concours;

2° En désignant par K une hyperbole équilatère satisfaisant à cette condition, dans quelle région du plan doit être placé le point M pour qu'il y ait une hyperbole K correspondant à ce point;

3° Quelle ligne doit décrire le point M pour que l'hyperbole K soit égale à l'hyperbole H.

II. — École Normale.

1843. — Deux courbes du second ordre sont doublement tangentes; démontrer que, si d'un point quelconque de la corde des contacts, on mène les quatre tangentes à ces coniques, les points de contact sont en ligne droite.

1844. — AT et AS sont deux droites qui touchent une conique quelconque POQ aux points B et C; on mène une troisième tangente quelconque DE, et par les points D et E où elle rencontre les deux premières, on trace des parallèles à ces mêmes tangentes. On propose : 1° de déterminer le lieu géométrique des points M de rencontre de ces parallèles; 2° de reconnaître que l'angle EFD sous lequel on voit de l'un des foyers F de la conique POQ, la tangente mobile ED conserve une valeur constante dans toutes les positions de cette tangente; 3° on examinera le cas particulier où POQ est une parabole et l'on fera voir que, dans ce cas, les segments interceptés sur les portions AB, AC des tangentes fixes par la tangente mobile ED sont réciproquement proportionnels.

1845. — Étant donnés un cercle O et une droite PP′ perpendiculaire au diamètre OH, trouver un point K tel qu'en menant par ce point une sécante quelconque MKM′ et qu'en abaissant des points

M et M′ des perpendiculaires MP, M′P′ on ait la relation

$$\frac{1}{MP}+\frac{1}{M'P'}=\text{const.}$$

1847. — On donne sur un plan un nombre quelconque de points A, B, C, D, ... Par un point fixe O, choisi à volonté sur ce plan, on mène un nombre infini de droites et sur chacune d'elles on prend une longueur OM réciproquement proportionnelle à la racine carrée de la somme des carrés des perpendiculaires abaissées sur cette droite des divers points A, B, C, D, ... On demande : 1° le lieu des points M ainsi obtenus; 2° s'il est toujours possible, les points A, B, C, D, ..., étant fixes, de choisir l'origine O de telle sorte que ce lieu devienne un cercle; 3° d'examiner si la courbe cherchée est toujours fermée par toutes les positions du point O; 4° quand cela a lieu, de trouver où le point O doit être placé pour que les points A, B, C, D, ... restant fixes, l'aire totale soit la plus grande possible.

1849. — Démontrer que si un cône de révolution passe par une ellipse, la somme des arêtes aboutissant aux extrémités d'un même diamètre de cette courbe est constante.

Examiner ce que devient cette proposition, lorsqu'à l'ellipse on substitue une hyperbole ou une parabole.

1850. — Application de la construction des courbes à la détermination des racines des équations. Trisection d'un angle.

On donne un point A, centre du cercle circonscrit à un triangle; le point G, centre de gravité du même triangle; le point B, centre du cercle inscrit; le point C d'intersection des trois hauteurs et leurs distances respectives; ces quatre points sont en ligne droite. Trouver la longueur des côtés du triangle, et construire les valeurs données par le calcul.

1851. — 1° Dans toute équation de la forme $f(x)=0$, le nombre des racines positives ne peut surpasser le nombre des variations que présente le premier membre.

2° L'équation d'une parabole rapportée à des coordonnées rectangulaires est

$$y^2-2xy+x^2-2y+1=0.$$

(*a*) Trouver, par une méthode quelconque, les coordonnées du sommet, celles du foyer, la grandeur du paramètre et l'équation de l'axe ;

(b) Vérifier les résultats par une seconde méthode indépendante de la première.

3° Expliquer comment, lorsqu'on cherche l'équation de l'ellipse d'après cette définition : quel est le lieu des points dont la somme des distances à deux points fixes est constante, on trouve une équation qui peut représenter en même temps l'ellipse ou l'hyperbole, suivant que la grandeur donnée est plus grande ou plus petite que la distance des deux points.

1852. — 1° Exposer la résolution trigonométrique des triangles rectilignes quelconques.

Application. — Étant donnés

$$a = 11\,723^{m},35,$$
$$b = 9682^{m},87$$

et l'angle compris

$$C = 82°5'15'',7,$$

trouver les autres parties du triangle.

2° On donne une conique, ellipse, hyperbole ou parabole, et deux axes fixes qui passent par un foyer et font entre eux un angle de grandeur déterminée. On fait rouler sur la courbe une tangente, et, par les points où cette droite rencontre dans chacune de ses positions les axes fixes, on mène deux autres tangentes à la courbe; ces deux dernières tangentes se coupent en un point dont on demande le lieu géométrique.

(Solution par M. Kien. — *Nouvelles Annales*; 3e Série, t. II, p. 511.)

1856. — Lieu des milieux des cordes qui déterminent dans la parabole des segments équivalents.

1857. — On donne un cône du second degré, trouver le lieu des centres des sections faites par des plans passant par un point fixe ou par une droite fixe.

1858. — Partager la demi-circonférence en trois arcs AB, BC, CD, tels que leurs cordes soient proportionnelles à trois longueurs données a, b, c.

En désignant par x le rapport $\frac{\text{corde AB}}{a}$ on fera voir que x dépend d'une équation du troisième degré. — Discuter. — Cas où l'on a

$$a = b = c.$$

1859. — 1° On donne dans un plan un nombre quelconque de points : trouver parmi toutes les droites parallèles à une direction donnée, et situées dans ce plan, celle dont la somme des carrés des distances aux points donnés est un minimum ;

2° La direction de la droite venant à varier, et les points donnés restant les mêmes, prouver que la ligne qui remplit la condition de minimum énoncée plus haut passe par un point fixe;

3° Combien, par un point donné du plan, peut-on faire passer de lignes, telles que la somme des carrés de leurs distances aux points donnés soit égale à un carré donné;

4° Il peut arriver que les lignes qui satisfont à la question précédente soient imaginaires : cela a lieu lorsque le point donné est dans l'intérieur d'une certaine courbe dont on demande l'équation;

5° On peut toujours, quel que soit le nombre des points donnés, et de quelque manière qu'ils soient placés, les remplacer par trois autres, tels que la somme des carrés de leurs distances à une droite quelconque du plan soit proportionnelle à la somme des carrés des distances des points donnés à la même droite, ou, en d'autres termes, tels que le rapport des deux sommes de carrés soit le même pour toutes les droites du plan;

6° Les trois points définis dans la question précédente sont indéterminés; trouver la courbe sur laquelle ils sont situés;

7° Le triangle qui a ces trois points pour sommets, a une surface constante.

(Solution par M. Jaufroid. — *Nouvelles Annales*; 1re Série, t. XVIII, p. 376.)

1860. — 1° Dire comment on forme la carré d'un polynôme; calculer le coefficient de x^k dans le développement de

$$(1 + 2x + 3x^2 + \ldots + nx^{n-1})^2,$$

k étant supposé moindre que n. On expliquera pourquoi la formule trouvée n'est pas applicable au cas où k surpasse n.

2° Trouver l'intersection d'un cône de révolution par un plan. Si par tous les points de l'intersection on élève des normales au cône, chacune de ces normales perce la surface en un second point. On demande la courbe formée par ces points.

(Solution par M. Kessler. — *Nouvelles Annales*; 1re Série, t. XIX, p. 436.)

1861. — D'un point P extérieur à une conique, on mène une sécante PAB. Aux points A et B on mène des tangentes qui se coupent en M.

De ce point on abaisse une perpendiculaire sur AB, lieu des pieds de ces perpendiculaires.

Prouver :

1° Que le lieu passe en P, tangente en ce point;

2° Que le lieu est le même pour toutes les coniques homofocales ;

3° Que le lieu peut être considéré comme le lieu des pieds des perpendiculaires abaissées du point P sur certaines droites qui sont tangentes à une courbe dont on demande l'équation.

(Solution par M. G. Bartet. — *Nouvelles Annales*; 2e Série, t. I, p. 133.)

1862. — On donne un cercle dans lequel on a inscrit une corde AB de longueur donnée; par les extrémités A et B de cette corde on mène respectivement des parallèles à deux droites données. On demande le lieu décrit par leur point d'intersection.

(Solution par M. Haag. — *Nouvelles Annales*; 2e Série, t. III, p. 313.)

1863. — On donne trois points fixes A, B, C, et une droite fixe AA' passant par le point A; trouver le lieu des points de contact des droites parallèles à AA' et tangentes aux coniques passant par les trois points A, B, C et touchant la droite AA'.

Ce lieu est une conique; on demande le lieu des foyers de ces coniques lorsqu'on fait varier la position de la droite AA'.

(Solution par M. Painvin. — *Nouvelles Annales*; 2e Série, t. III, p. 357.)

1864. — Étant donnés un triangle ABC et une droite AD passant par le point A, il y a une infinité de courbes du second degré passant par les trois points A, B, C, et tangentes à la droite AD. A chacune de ces courbes on mène des tangentes parallèles à AD. Trouver le lieu géométrique des points de contact. On reconnaîtra que ce lieu est lui-même une courbe du second degré, et l'on cherchera le lieu des positions successives qu'occuperont ses foyers, lorsque les points A, B, C restant fixes, la droite AD vient à tourner autour du point A.

(Solution par M. Duranton. — *Nouvelles Annales*; 2e Série, t. III, p. 455.)

1865. — 1° On considère n variables $x, y, z, \ldots, u$; décomposer le polynôme

$$p = x^2 + y^2 + z^2 + \ldots + u^2 + (x + y + \ldots + u)^2$$

composé de $(n+1)$ carrés, en une somme de n carrés de fonctions homogènes et du premier degré.

2° Lieu dès sommets des coniques passant par deux points, et dont les axes sont proportionnels et parallèles à ceux d'une conique donnée.

1866. — Dans une ellipse donnée, on inscrit un parallélogramme ayant pour diagonales deux diamètres conjugués quelconques AA', BB'.

Aux sommets de ce parallélogramme, on mène les normales à l'ellipse; ces normales forment un second parallélogramme MNM'N';

1° Démontrer que les diagonales de chacun des deux parallélogrammes ABA'B', MNM'N' sont respectivement perpendiculaires aux côtés de l'autre;

2° Trouver le lieu des sommets du parallélogramme MNM'N'. quand on fait varier les diamètres conjugués;

3° Trouver le lieu du point d'intersection de la diagonale NN' et de la tangente en M au lieu précédent.

(Solution par MM. Annequin et Morel. — *Nouvelles Annales*; 2e Série, t. VI, p. 420.)

1867. — On donne deux droites rectangulaires AB, CD; et l'on considère les hyperboles ayant la droite AB pour asymptote, et tangentes à la droite CD au point fixe P.

On demande :

1° Le lieu des foyers de toutes ces hyperboles;

2° Le lieu du point de rencontre de la seconde asymptote avec la perpendiculaire abaissée du point fixe sur la directrice;

3° Le lieu des points d'intersection de la seconde asymptote avec la droite qui joint le foyer au point d'intersection des deux droites données.

(Solution par M. Cayla. — *Nouvelles Annales*; 2e Série, t. VI, p. 489.)

1868. — On donne une ellipse et un point P situé dans le plan de la courbe. Déterminer le lieu des sommets des cônes qui ont pour directrice l'ellipse, et dont l'un des trois axes de symétrie passe par le point P.

1869. — Étant donnés un rectangle et un point P dans le plan de ce rectangle, par le point P on mène une droite quelconque PQ, et l'on imagine les deux coniques qui passent par les quatre sommets du rectangle et qui sont tangentes à la droite PQ. Soient E, E' les deux points de contact et M le point milieu de la droite EE'; chercher l'équation du lieu décrit par le point M, quand on fait tourner la droite PQ autour du point P.

On construira le lieu dans les hypothèses suivantes; le rectangle se réduit à un carré dont le côté est $2a$, et si l'on prend pour axes des coordonnées les parallèles aux côtés du carré menées par son centre, les coordonnées du point P sont $x = \frac{a}{4}$, $y = \frac{a}{4}$.

(Voir *Nouvelles Annales*; 2e Série, t. VIII, p. 377. — Solution par M. Saltel. — 2e Série, t. VIII, p. 438.)

1870. — Par l'axe transverse d'une hyperbole donnée on mène un plan P faisant un angle α avec le plan de la courbe, puis dans le plan P une droite OZ perpendiculaire à cet axe transverse; trouver l'équation de la surface de révolution décrite par la rotation de l'hyperbole autour de OZ.

Construire la section méridienne de la surface, en supposant l'hyperbole équilatère, la droite OZ menée par l'un des sommets de la courbe et l'arc α égal à $\frac{\pi}{4}$.

1872. — Par un point fixe A, pris sur une surface du second degré donnée, on mène tous les plans qui coupent la surface suivant des courbes dont l'un des sommets est en A :

1° Trouver le lieu de celui des axes de la section qui passe par le point A;

2° Trouver le lieu du point où le diamètre conjugué du plan sécant, relativement à la surface donnée, rencontre le plan tangent à cette surface au point A;

3° Construire ce dernier lieu dans le cas où le plan tangent en A coupe la surface donnée suivant deux droites rectangulaires.

(Solution par M. Genty. — *Nouvelles Annales*; 2e Série, t. XVII, p. 310.)

1873. — Étant donnés une ellipse A et un point P dans son plan, de ce point P on mène des normales à l'ellipse A et l'on considère la conique B qui passe par le point P et les pieds des quatre normales :

1° Trouver les coordonnées du centre de cette conique B et celles de ses foyers;

2° Trouver le lieu C du centre et le lieu D des foyers de la conique B, lorsque l'ellipse A varie de manière que ses foyers restent fixes;

3° Trouver le lieu des points d'intersection du lieu D et de la droite OP, lorsque le point P décrit un cercle de rayon donné et ayant pour centre le centre O de l'ellipse A.

(Solution par M. Brisse. — *Nouvelles Annales*; 2e Série, t. XIII, p. 88.)

1874. — 1° Par les trois sommets d'un triangle rectangle on fait passer des paraboles; on mène à ces paraboles des tangentes parallèles à l'hypoténuse du triangle donné : on demande le lieu des points de contact.

2° Le lieu cherché est une conique qui coupe chacune des paraboles en quatre points : on demande le lieu décrit par le centre de gravité du triangle formé par les sécantes communes qui ne passent pas par l'origine.

(Solution par M. Jacob. — *Nouvelles Annales*; 2e Série, t. XIV, p. 222.)

1875. — Trouver le lieu des pieds des normales menées d'un point donné P à une série d'ellipses qui ont un sommet commun B, la même tangente en ce point, et telles que, pour chacune d'elles, le rapport de l'axe parallèle à la tangente commune au second axe soit égal à une constante donnée k.

Construire le lieu dans les cas particuliers suivants : on prendra le point P sur la bissectrice de l'un des angles formés par la tangente et la normale communes à toutes les ellipses en B, et l'on attribuera à k successivement l'une des valeurs $\sqrt{3}$ et 2.

(Solution par M. Moret-Blanc. — *Nouvelles Annales*; 2e Série, t. XV, p. 370.)

1876. — On considère toutes les paraboles tangentes à deux droites rectangulaires OX, OY et telles que la droite PQ qui joint leurs points de contact P, Q avec les deux droites passe par un point fixe donné A :

1° On demande le lieu du point d'intersection de la normale en

P à l'une de ces paraboles avec le diamètre de la même courbe passant en Q;

2° On demande de déterminer le nombre des paraboles réelles qui passent par un point quelconque du plan;

3° On demande l'équation du lieu des points de rencontre de deux paraboles satisfaisant aux conditions proposées et dont les axes font un angle donné.

On construira ce lieu dans le cas où l'angle donné est un angle de 45° et où le point donné A est sur la droite OX.

(Solution par M. MORET-BLANC. — *Nouvelles Annales*; 2e Série, t. XVI, p. 218.)

1877. — On considère toutes les coniques circonscrites à un triangle ABC rectangle en A, et telles que les tangentes en B et C à ces coniques aillent se couper sur la hauteur du triangle.

On demande :

1° Le lieu du point de concours des normales en B et C à ces coniques;

2° Le lieu des centres de ces coniques; on distinguera les points du lieu qui sont centres des ellipses de ceux qui sont centres des hyperboles;

3° Le lieu des pôles d'une droite quelconque D. Ce lieu est une conique. On considère toutes les droites D pour lesquelles cette conique est une parabole, et l'on demande le lieu des projections du point A sur ces droites.

(Solution par M. TOURRETTES. — *Nouvelles Annales*; 2e Série, t. XVII, p. 195.)

1878. — On donne une conique et deux points fixes A et B sur cette courbe. Une circonférence quelconque passant par les deux points A et B rencontre la conique en deux autres points variables C et D; on mène les droites AC, BD qui se coupent en M, les droites AD, BC qui se coupent en N.

Déterminer :

1° Le lieu des points M et N;

2° Le lieu des points de rencontre de la droite MN avec la circonférence à laquelle elle correspond.

On construira les deux lieux.

(Solution par M. GUILLET. — *Nouvelles Annales*; 2e Série, t. XVIII, p. 283.)

1879. — Étant donnés un tétraèdre OABC défini par l'angle trièdre O et les longueurs $4a$, $4b$, $4c$ des trois arêtes OA, OB, OC.

1° Démontrer que l'ellipsoïde qui admet pour diamètres conjugués les trois droites qui joignent les milieux des arêtes opposées deux à deux est tangent aux six arêtes du tétraèdre;

2° Trouver l'intersection de cet ellipsoïde et de l'hyperboloïde engendré par une droite mobile qui s'appuie sur trois droites menées, l'une par le milieu de OA parallèlement à OC, la seconde par le milieu de OC parallèlement à OB et la troisième par le milieu de OB parallèlement à OA;

3° Par chacun des points où la droite mobile perce la surface de l'ellipsoïde, on mène un plan parallèle au plan tangent en l'autre point : démontrer que ces deux plans passent par le centre de l'ellipsoïde et trouver le lieu de leur intersection.

(Solution par M. Griess. — *Nouvelles Annales*; 2e Série, t. XX, p. 27.)

1880. — Étant donné un paraboloïde hyperbolique, on considère une génératrice rectiligne A de cette surface et la génératrice B du même système qui est perpendiculaire à la première; par les points a et b où ces droites sont rencontrées par leur perpendiculaire commune passent deux génératrices rectilignes A′ et B′ de l'autre système; soient a' et b' les points où les deux droites A′ et B′ sont rencontrées par leur perpendiculaire commune :

1° Trouver le lieu des points a et b, et celui des points a' et b', quand la droite A décrit le paraboloïde;

2° Trouver le lieu du point de rencontre des droites A et B′ ou A′ et B;

3° Calculer le rapport des longueurs $a'b'$ et ab des perpendiculaires communes, et étudier la variation de ces longueurs.

(Solution de M. Griess. — *Nouvelles Annales*; 1re Série, t. XX, p. 120.)

1881. — On considère la courbe du troisième ordre

$$27y^2 = 4x^3.$$

1° On demande la condition à laquelle doivent satisfaire les paramètres m et n pour que la droite

$$y = mx + n$$

soit tangente à cette courbe;

2° On demande le lieu des points d'où l'on peut mener à la courbe proposée deux tangentes parallèles à deux diamètres conjugués de la conique représentée par l'équation

$$x^2 + y^2 + 2axy = B;$$

3° Par un point A pris sur la courbe, on mène des sécantes coupant cette courbe en deux points variables M, M'. On demande le lieu du milieu des segments MM'.

Discuter la forme de ce lieu et indiquer les arcs qui répondent à des sécantes pour lesquelles les points M, M' sont réels.

(Solution par M. Moret-Blanc. — *Nouvelles Annales*; 3e Série, t. I, p. 114.)

1882. — Soit un point fixe donné P ayant pour coordonnées a et b par rapport à deux axes rectangulaires OX, OY, et soient A et B les pieds des perpendiculaires abaissées du point P sur ces deux axes. On considère les courbes du second ordre tangentes aux deux axes en ces points A et B; du point P on mène à chacune de ces courbes deux normales variables PM, PM':

1° Déterminer l'équation de la droite MM' qui joint les pieds des normales variables, et démontrer que cette droite passe par un point fixe;

2° Déterminer l'équation de la courbe C lieu des points M et M'. Construire la courbe C, dans l'hypothèse $a = 2b$, au moyen de coordonnées polaires ayant le point O pour pôle.

1883. — On donne la cissoïde qui, rapportée à des axes de coordonnées rectangulaires, a pour équation

$$x(x^2 + y^2) = ay^2.$$

Soient x', y' les coordonnées d'un point M du plan. On propose de former : 1° l'équation du troisième degré qui a pour racines les coefficients angulaires des droites qui joignent l'origine aux points de contact des trois tangentes à la cissoïde issues du point M; 2° l'équation du cercle qui passe par ces trois points de contact.

Montrer que si les trois tangentes sont réelles, le point M est intérieur au cercle.

On considère l'ensemble des cercles C_m dont chacun jouit de cette propriété que les tangentes à la cissoïde en trois des quatre points où il la rencontre concourent en un même point; soit M ce point de concours pour le cercle C_m.

On demande le lieu des centres des cercles C_m qui passent par un point donné P du plan, ainsi que le lieu des points M relatifs à ces cercles. On examinera en particulier le cas où le point P est situé sur la cissoïde et ne fait pas partie des trois points communs au cercle C_m et à la cissoïde pour lesquels les tangentes concourent.

Combien passe-t-il de cercles C_m par deux points donnés P, Q du plan?

Peut-on disposer de ces deux points de façon qu'ils appartiennent à une infinité de cercles C_m?

1884. — a et b désignant les coordonnées rectilignes rectangulaires d'un point M, quelle est, pour chaque position de ce point, la nature des racines de l'équation

$$3t^4 + 8at^3 - 12bt^2 + 4b = 0.$$

On construira, en particulier, le lieu des positions du point M pour lesquelles l'équation admet une racine double, en calculant les coordonnées d'un point du lieu en fonction de cette racine.

1885. — 1° Soit une ellipse E dont le grand axe et la distance focale sont respectivement égaux à $2a$ et $2c$. Du foyer F de cette ellipse comme centre, on décrit une circonférence C dont le rayon est égal à $\sqrt{2(a^2+c^2)}$.

D'un point quelconque P de la circonférence C, on mène une tangente P_1P_2 à l'ellipse, P_2 désignant le second point de rencontre de cette droite avec la circonférence. On mène de même la tangente P_2P_3 à l'ellipse, puis la tangente P_3P_4.

On demande de démontrer que la seconde tangente menée à l'ellipse par le point P_4 passe par le point initial P_1.

2° On considère la fonction de x,

$$y = \frac{\sin[m(\operatorname{arc}\cos x)]}{\sqrt{1-x^2}}$$

où m est une constante donnée.

(a) Montrer que cette fonction satisfait à la relation

$$(x^2-1)y'' + 3xy' - (m^2-1)y = 0,$$

y' et y'' désignant les dérivées premières et secondes de la fonction y.

(b) En supposant que m soit un entier positif, on demande d'établir que l'on peut satisfaire à l'identité précédente en prenant pour y un polynôme en x.

Après avoir trouvé le degré de ce polynôme, on cherchera la forme de ses coefficients.

1886. — On considère les courbes du troisième degré C, représentées par l'équation

$$x^2y + a^2x = \lambda,$$

où λ désigne un paramètre variable.

On demande de démontrer qu'il existe deux courbes de cette espèce tangentes à une droite quelconque D du plan, ayant pour équation

$$y = mx + p,$$

et de calculer les coordonnées des deux points de contact M et M'. Distinguer les droites D pour lesquelles ces deux points sont réels, des droites pour lesquelles ils sont imaginaires. Examiner pour quelles positions de la droite D les deux points M et M' viennent se confondre en un seul, et trouver, dans ce cas, le lieu décrit par le point de contact.

Connaissant les coordonnées (α, β) d'un point de contact M d'une courbe C avec une droite D, trouver les coordonnées (α', β') du second point de contact M' situé sur D. Construire la courbe décrite par le point M' lorsque le point M décrit la ligne droite

$$\beta = \alpha - 2a.$$

(Solution par M. de Crès. — *Nouvelles Annales*; 3e Série, t. VI, p. 369.)

1887. — On considère la surface (dite *cylindroïde*) qui, rapportée à des axes rectangulaires, a pour équation

$$z(x^2 + y^2) - m(x^2 - y^2) = 0.$$

Soit M un point de l'espace, dont les coordonnées sont x', y', z'; on propose de mener de ce point des normales au cylindroïde.

1° Désignant par α, β, γ les coordonnées du pied de l'une quelconque des normales abaissées du point M sur le cylindroïde, on formera l'équation du quatrième degré (I) ayant pour racines les valeurs de $\frac{\beta}{\alpha}$, l'équation (II) ayant pour racines les valeurs de γ, et l'on montrera comment, des racines de l'une au de l'autre de ces équations, on déduirait les coordonnées des pieds des normales cherchées;

2° Sur quel lieu doit se trouver le point M pour que l'équation (I) soit réciproque? Trouver, en supposant le point M sur ce lieu, les coordonnées des pieds des normales;

3° Sur quel lieu doit se trouver le point M pour que l'équation (II) ait une racine double égale à z'? En supposant le point M situé sur ce lieu, reconnaître si les racines de l'équation (II), différentes de z', sont réelles ou imaginaires.

4° Que représente l'équation (II) quand on y regarde l'inconnue comme une constante et x', y', z' comme les coordonnées d'un point variable?

(Solution anonyme. — *Nouvelles Annales*; 3e Série, t. VII, p. 295.)

1888. — 1° Un polynome $f(x)$ du degré n vérifie l'identité

$$nf(x) = (x-a)f'(x) + bf''(x).$$

(a) Chercher les coefficients de $f(x)$, ordonné suivant les puissances de $(x-a)$;

(b) Chercher les conditions de réalité des racines;

(c) Prouver que si b_0 est la valeur absolue de b, les racines de $f(x)$ sont comprises entre

$$a - \sqrt{\frac{n(x-1)}{2}}\,b_0, \qquad a + \sqrt{\frac{n(x-1)}{2}}\,b_0;$$

2° Construire la courbe représentée par l'équation

$$x(x^2-y^2)^2 + 4xy(x-y)^2 - 4y(2y-3x) = 0.$$

(Solution par M. Ch. Brisse. — *Nouvelles Annales*; 3e Série, t. VII, p. 314.)

1889. — 1° Déterminer un polynôme entier en x du septième degré $f(x)$, sachant que $f(x)+1$ est divisible par $(x-1)^4$ et $f(x)-1$ par $(x+1)^4$. Quel est le nombre des racines réelles de l'équation $f(x)=0$?

2° On considère dans un plan une parabole (P) et une ellipse (E) représentées respectivement par les deux équations

(P) $$y^2 - px = 0,$$
(E) $$y^2 + 4x^2 - 4 = 0$$

et un point M de coordonnées (α, β). On demande de trouver sur la parabole (P) un point Q tel que le pôle de la droite MQ par rapport à l'ellipse (E) soit situé sur la tangente en Q à la parabole. Trouver le nombre de solutions réelles du problème suivant la position du point M dans le plan.

1890. — 1° Entre les coordonnées x, y d'un point A et les coordonnées u, v d'un point B, on établit les relations

$$x = \frac{u^3 + \lambda uv^2}{u^2 + v^2}, \qquad y = \frac{v^3 + \lambda vu^2}{u^2 + v^2},$$

où λ est un nombre positif donné.

Après avoir déduit de ces relations l'équation qui relie les coefficients angulaires α, β des droites qui joignent l'origine aux points A, B, on montrera que, en général, à chaque point A correspondent trois positions du point B : ces points B_1, B_2, B_3 peuvent-ils être réels et distincts? Où le point A doit-il se trouver pour qu'il en soit ainsi? Sur quel lieu doit-il être situé pour que deux de ces points, B_2 et B_3, par exemple, soient confondus? Si le point A décrit ce lieu, quels sont les lieux décrits par les points confondus B_2, B_3 et par le point B_1?

2° Étant donnés deux axes rectangulaires Ox, Oy, on prend sur l'axe des x un point fixe A, sur l'axe des y un point fixe B, et l'on mène par le point O une parallèle à la droite AB. On considère un système de trois cercles assujettis à avoir même axe radical et à être tangents, le premier en A à l'axe des x, le second en B à l'axe des y, le troisième en O à la parallèle à AB.

Démontrer que l'axe radical des trois cercles passe par un point fixe.

Trouver le lieu des points communs à ces trois cercles : on indiquera quelle est en général la forme de cette courbe, et l'on examinera en particulier le cas où l'angle en A du triangle OAB est égal à $\frac{\pi}{6}$.

III. — École Centrale.

1863. — *Première Session.* On donne une parabole et un point fixe I dans son plan. Par le sommet A de la parabole, on mène une corde quelconque AB : on projette le point B en C sur la tangente au sommet et l'on joint le point C au point I. La droite CI rencontre la droite AB en un point dont on demande le lieu. — Discuter en faisant varier la position du point I dans le plan et examiner, en particulier, le cas où le point I est au foyer de la parabole donnée.

Deuxième Session. On donne deux droites fixes RR′ et SS′ qui se coupent en un point O et, dans le plan de ces deux droites, on fait mouvoir une troisième droite PQ′ de longueur variable, de façon que le triangle POQ formé par la droite mobile et les deux droites fixes ait une aire constante. Au point P où la droite PQ rencontre RR′ on mène une perpendiculaire à RR′; de même au point Q où la droite PQ rencontre SS′, on mène une perpendiculaire à SS′. Trouver l'équation du lieu décrit par le point de rencontre M de ces deux perpendiculaires. On construira ce lieu et l'on déterminera ses axes en grandeur et en position.

1864. — *Première Session.* On donne un triangle ABC rectangle en A et isoscèle. P étant un point pris dans le plan de ce triangle, on mène la droite BP qui coupe, en un certain point D, le côté AC prolongé s'il le faut. Sur BD on prend un point R tel que $\frac{BP}{BR} = k\frac{DP}{DR}$, k étant une constante donnée.

On demande :

1° De trouver le lieu du point R lorsque le point P parcourt le cercle décrit sur AC comme diamètre ;

2° De trouver le lieu des positions successives qu'occupe le centre du lieu précédent lorsqu'on fait varier le paramètre k.

Deuxième Session. Étant donnée une ellipse dont F est l'un des foyers et O le centre, on décrit un cercle sur le grand axe comme diamètre. Une perpendiculaire au grand axe rencontre l'ellipse au point P et le cercle au point Q; on mène les droites FP et OQ qui se rencontrent en M. On demande le lieu des points M lorsque la droite PQ se transporte parallèlement à elle-même.

1865. — *Première Session.* On donne une parabole et un point fixe dans son plan. Un angle droit se meut dans le plan de la courbe, de manière que le sommet de cet angle décrive la directrice de la parabole et que l'un de ses côtés passe constamment par le point fixe donné. On demande le lieu des milieux des cordes interceptées par la parabole sur l'autre côté de l'angle.

Lorsque la position du point fixe varie, le lieu obtenu se modifie quelle ligne décrit le sommet de ce lieu, lorsque le point fixe se meut sur une droite perpendiculaire à l'axe de la parabole donnée?

Deuxième Session. On donne une circonférence O et deux points fixes E et F dans le plan de la circonférence; puis deux diamètres rectangulaires OA et OB de la circonférence. On mène à cette circonférence une tangente quelconque CD, qui coupe respectivement les diamètres en C et en D; on joint le point C au point fixe E, et le point D à l'autre point fixe F et l'on demande le lieu des intersections des droites telles que CE et DF.

On étudiera séparément ce lieu :

1° Lorsque le point E s'éloigne à l'infini dans la direction OB, et le point F dans la direction OA;

2° Lorsque les trois points E, F, O sont en ligne droite.

1866. — *Première Session.* 1° Démontrer que, lorsqu'une conique passe par les quatre sommets d'un parallélogramme, elle admet un système de diamètres conjugués parallèles aux côtés de ce parallélogramme.

2° On donne un angle droit xOy et une droite fixe AB, dans son plan. D'un point quelconque M pris sur la droite AB, on abaisse les perpendiculaires MP, MQ sur les droites Ox, Oy et l'on fait passer par les quatre sommets du rectangle OPMQ une hyperbole équilatère.

On demande le lieu décrit par les sommets de cette hyperbole équilatère quand le point M parcourt la droite donnée AB.

Deuxième Session. On donne un triangle ABC; d'un point quelconque P pris sur le côté AB, on abaisse PQ perpendiculaire sur AC; on mène les droites BQ et CP qui se coupent au point M.

1° On demande le lieu de ce point M, quand le point P parcourt la droite indéfinie AB;

2° Les droites indéfinies AB et AC restant fixes, on fait tourner la droite BC autour d'un point fixe I pris sur cette droite: on demande le lieu du centre du lieu précédent.

1867. — *Première Session.* On donne deux droites parallèles AL, A'L', une droite AA' perpendiculaire à ces deux droites et un point P sur AA'. Par ce point P on mène une droite quelconque rencontrant les parallèles AL, A'L' aux points B et B'; par les quatre points A, A′, B, B′ on fait passer une hyperbole équilatère et l'on demande :

1° Le lieu des centres de ces hyperboles quand la droite PBB′ tourne autour du point P;

2° Le lieu des points de contact des tangentes à ces hyperboles parallèles à la droite AL et le lieu des points de contact des tangentes parallèles à AA′;

3° Étant donnée une position particulière de la droite PBB′, construire géométriquement les asymptotes de l'hyperbole équilatère qui passe par les quatre points A, B, A′, B′ et reconnaître si les deux points A et B appartiennent à la même branche ou à deux branches différentes de cette hyperbole.

Deuxième Session. On donne le foyer et la directrice d'une ellipse d'excentricité variable. Par le foyer on mène une droite dont l'angle avec la directrice a pour sinus l'excentricité. Trouver et construire le lieu des points d'intersection de cette droite avec l'ellipse variable.

1868. — *Première Session.* Soit un parallélogramme OABC; sur la diagonale OC on prend un point I quelconque et l'on considère une conique S ayant le point I pour centre, et passant aux trois points O, A, B. A cette conique on mène des tangentes parallèles les unes à OA, les autres à OB, et l'on demande le lieu des points de contact de ces tangentes lorsque le point I parcourt la droite indéfinie OC. Sur les lieux trouvés, on séparera les parties qui correspondent au cas où la conique considérée S est du genre ellipse, de celles qui correspondent au cas où cette conique est du genre hyperbole.

Deuxième Session. On donne dans un plan deux ellipses concentriques dont les axes coïncident en direction et une droite AB. Par un point P pris sur cette droite, on mène des tangentes aux deux ellipses, puis les cordes de contact qui leur correspondent dans chaque ellipse : ces cordes se rencontrent en un point M. On demande :

1° Le lieu du point M lorsque le point P parcourt la droite AB;

2° Le lieu du centre du lieu du point M lorsque la droite AB tourne autour du centre O des deux ellipses en restant à une distance constante de ce point.

1869. — *Première Session.* Soient Ox, Oy deux axes rectangulaires, H un point fixe de l'axe Oy, ayant pour ordonnée h. On sait que l'équation générale des coniques qui ont un foyer au point O, passent au point H, et dont l'axe focal est situé sur Ox, est

$$(1) \qquad l^2(x^2+y^2)-h^2(x-l)^2=0,$$

dans laquelle le paramètre variable l représente l'abscisse du pied de la directrice qui correspond au foyer O. Cela posé, on demande de résoudre les questions suivantes :

1° On considère l'une quelconque des coniques représentées par l'équation (1); on mène par le point O une parallèle à la tangente à cette conique au point H. Cette parallèle rencontre la conique en deux points; et l'on demande le lieu de ces points quand on fait varier l.

Sur ce lieu, on séparera les parties qui correspondent au cas où la conique est une ellipse de celles qui correspondent au cas où elle est une hyperbole;

2° On considère l'une quelconque des hyperboles représentées par l'équation (1); par le point O on mène des parallèles aux asymptotes de cette hyperbole, et l'on demande le lieu des points de rencontre de ces droites avec la courbe, quand on fait varier l;

3° On considère encore une quelconque des hyperboles représentées par l'équation (1) et, par le pied de la directrice qui correspond au foyer O, on mène des parallèles aux asymptotes de cette hyperbole; on demande le lieu des points de rencontre de ces droites avec la courbe, quand on fait varier l.

Deuxième Session. Soient Ox, Oy, deux axes rectangulaires, F et F′ deux points de l'axe Ox situés de part et d'autre de l'origine à une même distance α.

On sait que l'équation générale des coniques ayant les points F et F′ comme foyers est

$$(1-e^2)(e^2x^2-\alpha^2)+e^2y^2=0$$

dans laquelle e représente l'excentricité variable de la conique :

1° Trouver et construire le lieu des points de contact des tangentes menées à ces coniques, parallèlement à une droite donnée $y=\lambda x$;

2° Trouver et construire le lieu des points de contact des tangentes menées à ces mêmes coniques perpendiculairement à cette même droite $y=\lambda x$;

3° Trouver l'*équation* du lieu des sommets du lieu obtenu en résolvant la première question quand on fait varier d'une manière quelconque le coefficient angulaire λ.

1870. — *Première Session.* On donne deux axes rectangulaires Ox, Oy, une droite OR dont le coefficient angulaire est m et un point A dont les coordonnées sont α, β. On considère les paraboles qui passent au point O, qui sont tangentes en ce point à la droite OR, et qui ont leur axe parallèle à Ox.

On demande :

1° Le lieu des points de contact des tangentes menées du point A à ces paraboles;

2° Le lieu des projections du point A sur les cordes de contact des tangentes menées du point A à ces paraboles.

Deuxième Session. On donne une ellipse et un cercle; on mène la tangente en un point quelconque M du cercle et aux points où elle rencontre l'ellipse on mène les tangentes à l'ellipse. On demande le lieu du point de rencontre de ces tangentes à l'ellipse quand le point M se meut sur le cercle donné.

On examinera comment se modifie le lieu trouvé quand, l'ellipse restant fixe de grandeur et de position, on déplace le centre du cercle sans changer son rayon.

1871. — *Première Session.* On donne une hyperbole équilatère rapportée à ses asymptotes $xy = m^2$, et une droite fixe AB. On suppose qu'une droite mobile PQ se déplace de manière à être constamment parallèle à Ox, que le point Q glisse sur AB et que la droite PQ ait son milieu en I sur l'hyperbole.

On demande :

1° Le lieu du point P;

2° Démontrer que la tangente en chaque point P du lieu, la tangente au point I de l'hyperbole et la droite AB passent par un même point;

3° Le lieu du point P ayant été trouvé, on suppose que AB change de position en tournant autour d'un point G. On demande le lieu des foyers des courbes lieux des points P.

Deuxième Session. On demande le lieu des sommets des hyperboles qui passent par un point donné et dont une asymptote est une droite donnée, tandis que l'autre est simplement parallèle à une direction donnée.

1872. — *Première Session.* On donne, dans un plan, un cercle de rayon r, un diamètre AA′ de ce cercle, une droite OL et un point P équidistant des extrémités du diamètre AA′. On mène une parallèle à la droite AA′; on fait passer une hyperbole équilatère par les points où cette droite rencontre le cercle et par les extrémités du diamètre AA′.

On imagine que la parallèle AA′ se déplace dans le plan du cercle et l'on demande les lieux décrits :

1° Par les sommets;

2° Par les foyers de l'hyperbole équilatère;

3° Par les points de contact des tangentes menées à ces hyperboles parallèlement à la direction OL;

4° Par les pieds des normales menées à cette même hyperbole équilatère par le point P.

Deuxième Session. On donne, dans un plan, deux axes Ox, Oy et deux points C et D dont les coordonnées par rapport à ces axes sont pour le point C, $x = 2$, $y = 3$ et pour le point D, $x = 3$, $y = 4$; une droite PQ dont le coefficient angulaire est m coupe l'axe des x en P et l'axe des y en Q.

On demande :

1° L'équation du lieu décrit par le point de rencontre M des droites CP et DQ, lorsque la droite PQ se déplace dans le plan parallèlement à elle-même;

2° Les différents genres de courbes que cette équation peut représenter suivant la valeur du coefficient angulaire m de la droite PQ;

3° Le lieu des centres des courbes qu'on obtient lorsqu'on fait varier le coefficient angulaire m de la droite PQ.

1873. — *Première Session.* Soit

$$f(x, y) = Ax^2 + 2Bxy + Cy^2 + 2Dx + 2Ey + F = 0$$

l'équation d'une parabole rapportée à deux axes rectangulaires : démontrer que l'axe de cette parabole est représenté par l'équation

$$f'_x + \frac{C}{B} f'_y = 0.$$

Cela posé, on donne un cercle fixe O et un diamètre fixe AA′ de ce cercle, on mène une droite LL′ perpendiculaire à AA′; trouver le lieu des sommets des paraboles qui passent par les points A et A′ et par les points où la droite LL' rencontre le cercle O quand cette droite se meut parallèlement à elle-même.

Sur ce lieu on séparera les parties qui correspondent au cas où la droite LL' rencontre le cercle en des points réels, de celles qui correspondent au cas où ces points sont imaginaires.

Deuxième Session. On donne deux axes rectangulaires Ox, Oy et la droite LL' dont l'équation est $x - h = 0$.

On considère toutes les coniques qui ont un foyer en O et pour lesquelles la droite LL' est la directrice correspondant à ce foyer :

1° Former l'équation du lieu des points de contact des tangentes menées à toutes ces coniques, parallèlement à une direction de coefficient angulaire m; construire ce lieu dans le cas particulier où $m = 1$;

2° Former l'équation du lieu des centres du lieu précédent, lorsqu'on fait varier m, et construire ce second lieu.

1874. — *Première Session.* Étant donnés dans un plan deux points fixes F et A :

1° Former l'équation générale des courbes du second degré qui, situées dans ce plan, ont un foyer en F et un sommet de l'axe focal en A;

2° Déterminer quel est le genre de la courbe représentée par cette équation générale selon la grandeur du paramètre variable qu'elle renferme;

3° Disposer de ce paramètre variable de façon que la courbe du second degré passe par un point donné P, et discuter le nombre et le genre des solutions obtenues selon la position du point P dans le plan.

(Solution par M. de Lamaze. — *Nouvelles Annales*; 2e Série, t. XV, p. 177.)

Deuxième Session. Étant donnés un cercle O, un diamètre fixe AB de ce cercle et une corde CD parallèle à une direction déterminée :

On demande :

1° L'équation générale des hyperboles équilatères passant aux quatre points A, B, C, D;

2° Le lieu des points de contact des tangentes à ces hyperboles, perpendiculaires à la direction fixe

3° Le lieu des sommets du lieu précédent, qui est une conique, quand la direction donnée varie.

(Solution par M. Barbarin. — *Nouvelles Annales*; 2e Série, t. XV, p. 210.)

1875. — *Première Session.* Étant donnés deux axes rectangulaires Ox, Oy, et sur l'axe Ox un point A, on considère les hyperboles équilatères qui passent par le point A, et dont l'une des directrices est l'axe Oy.

On demande :

1° Le lieu de celui des foyers de ces hyperboles qui correspond à la directrice Oy;

2° Le lieu des centres de ces mêmes hyperboles;

3° Le lieu de leurs sommets.

(Solution par M. Wisselinck. — *Nouvelles Annales*; 2e Série, t. XV, p. 274.)

Deuxième Session. On donne une circonférence et un point P sur un de ses diamètres AB; par le point P on mène à cette circonférence la sécante PCD qui la rencontre en C et en D, et par les quatre points A, B, C, D on fait passer une hyperbole équilatère :

1° Trouver l'équation de cette hyperbole;

2° Trouver le lieu du centre de cette hyperbole, quand la sécante PCD tourne autour du point P;

3° Trouver, dans les mêmes conditions, le lieu des points de contact des tangentes menées à cette hyperbole, perpendiculairement à AB;

4° Indiquer, d'après ce qui précède, la construction des asymptotes de l'une des hyperboles considérées et en faire l'application au cas où la sécante passe par l'une des extrémités du diamètre perpendiculaire à AB.

(Solution par M. Griess. — *Nouvelles Annales*; 2e Série, t. XV, p. 277.)

1876. — *Première Session.* On donne deux points O, A, et l'on considère toutes les paraboles qui ont le point O pour sommet et qui passent au point A. A chacune de ces paraboles, on mène la tangente et la normale au sommet O, et la normale et la tangente au point A.

On demande :

1° Le lieu du point de concours des tangentes au sommet O et au point A;

2° Le lieu du point de concours de la normale au sommet O et de la tangente en A;

3° Le lieu du point de concours de la tangente au sommet O et de la normale en A;

4° Le lieu du point de concours des normales au sommet O et au point A.

(Solution par M. Freson. — *Nouvelles Annales*; 2e Série, t. XVI, p. 180.)

Deuxième Session. On donne un plan, un angle ROR', un point A sur la bissectrice Ox de cet angle, et deux points B, B' placés symétriquement par rapport à Ox.

On mène par le point A une droite quelconque qui rencontre OR en C, OR' en C'; on mène les droites BC, B'C', ces droites se coupent en un point M.

On demande le lieu décrit par le point M, quand la droite CAC' tourne autour du point A. On discutera le lieu en laissant fixes les droites OR, OR' et le point A, et en déplaçant le point B, et, par suite, le point B'.

On indiquera dans quelles régions du plan doit être placé le point B pour que le lieu soit une ellipse, une hyperbole ou une parabole.

(Solution par M. Moret-Blanc. — *Nouvelles Annales*; 2e Série, t. XVI, p. 224.)

1877. — *Première Session.* On donne un triangle AOB, rectangle en O, et l'on considère toutes les hyperboles qui passent aux points A et B et ont leurs asymptotes parallèles aux côtés OA, OB.

1° Former l'équation générale de ces hyperboles;

2° Former l'équation du lieu des sommets de ces hyperboles et construire ce lieu;

3° Prenant un point P sur le lieu trouvé, construire celle des hyperboles considérées qui a un sommet en P, et reconnaître sur quelle partie du lieu doit être ce point P, pour que A et B appartiennent soit à une même branche, soit aux deux branches de cette hyperbole.

(Solution par M. Chambon. — *Nouvelles Annales*; 2e Série, t. XVII, p. 200.)

Deuxième Session. On donne un trapèze isoscèle ABCD dont la hauteur est $2h$, la demi-somme des bases $2a$, et les angles obtus z. On considère toutes les coniques circonscrites à ce trapèze :

1° Former l'équation générale de ces coniques;

2° Trouver le lieu des points de contact des tangentes menées à chacune d'elles parallèlement au côté BC, et construire ce lieu, après avoir vérifié que le côté BC en fait partie;

3° Étant donné un point de ce lieu, reconnaître le genre de la conique circonscrite au trapèze, qui passe par ce point.

(Solution par M. Moret-Blanc. — *Nouvelles Annales*; 2e Série, t. XVII, p. 203.)

1878. — *Première Session.* On donne dans un plan une droite LL′, un point F et un point A; on considère toutes les coniques pour lesquelles le point F est un foyer et LL′ la directrice correspondante. Par le point A on mène des tangentes à toutes ces coniques, et l'on demande :

1° Le lieu de la projection du point A sur toutes les cordes de contact;

2° Le lieu des points de contact. Ce dernier lieu est une conique : reconnaître quel est son genre d'après la position du point A, et, pour une position donnée de ce point, chercher à obtenir, par des constructions simples, un nombre de points et de tangentes suffisant pour déterminer la conique.

(Solution par M. Robaglia. — *Nouvelles Annales*; 2e Série, t. XVIII, p. 363.)

Deuxième Session. On donne, dans un plan, une droite P et un point F pris en dehors et à une distance a de cette droite : écrire l'équation générale des hyperboles qui ont le point F pour un de leurs foyers et la droite P pour une de leurs asymptotes.

Du centre de chacune de ces hyperboles on mène à la droite P une perpendiculaire qu'on prolonge jusqu'à son intersection M avec la directrice correspondant au foyer F : trouver l'équation de la courbe lieu des points M et indiquer la position de cette courbe.

Former l'équation du lieu des projections du foyer F sur la seconde asymptote de chacune des hyperboles considérées.

(Solution par M. Leinekugel. — *Nouvelles Annales*; 2e Série, t. XVIII, p. 365.)

1879. — *Première Session.* Soient deux axes rectangulaires Ox et Oy; sur Ox, un point A; sur Oy, un point B.

On considère toutes les hyperboles équilatères qui passent au point A et sont tangentes à l'axe Oy au point B :

1° Former l'équation générale de ces hyperboles équilatères;

2° Trouver le lieu des points de rencontre de la tangente en A à chacune de ces hyperboles avec les parallèles, menées par l'origine, aux asymptotes de cette même hyperbole;

3° Le lieu précédent est une parabole P : former l'équation de l'axe et l'équation de la tangente au sommet de cette parabole P; construire ces droites et déterminer géométriquement la grandeur du paramètre de cette parabole;

4° Trouver le lieu du sommet de la parabole P, quand le point A se déplace sur Ox, le point B restant fixe.

(Solution par M. BAUDÈNES. — *Nouvelles Annales*; 2e Série, t. XX, p. 235.)

Deuxième Session. On donne un carré $PQP'Q'$ dont la demi-diagonale $OP = OQ = n$.

On demande : 1° D'écrire l'équation générale des coniques tangentes aux quatre côtés de ce carré, en distinguant les cas où ce sont des ellipses, des hyperboles ayant leurs sommets sur OPx, des hyperboles ayant leurs sommets sur OQy, ou enfin des paraboles;

2° On considère l'une quelconque des ellipses inscrites dans le carré; sur son demi-axe OA comme hypoténuse, on construit un triangle rectangle OAs, dont le côté As a une longueur fixe donnée $As = k$; sur la direction de l'axe OA, on prend une longueur $OS = Os$, et l'on construit une hyperbole équilatère ayant son centre en O et l'un de ses sommets en S; cette hyperbole coupe l'ellipse considérée au point M. On demande d'écrire l'équation du lieu des points M;

3° On discutera la nature et la position de ce lieu, suivant la grandeur de la ligne donnée k et suivant que OA est le demi-grand axe ou le demi-petit axe de l'ellipse considérée.

(Solution par M. AUZELLE. — *Nouvelles Annales*; 3e Série, t. I, p. 176.)

1880. — *Première Session.* Soient Ox, Oy deux axes rectangulaires, et sur Ox, un point A; sur Oy un point B. On mène par le point A une droite quelconque AR, de coefficient angulaire m.

1° Former l'équation de l'hyperbole H qui est tangente à l'axe Ox au point O, qui passe par le point B, et pour laquelle la droite AR est une asymptote.

2° On fait varier m, et l'on demande le lieu décrit par le point de rencontre de la tangente en B à l'hyperbole H et de l'asymptote AR;

3° On considère le cercle circonscrit au triangle AOB ; ce cercle coupe l'hyperbole H aux points O et B et en deux autres points

P et Q. Former l'équation de cette droite PQ; puis faisant varier m, trouver successivement le lieu des points de rencontre de cette droite PQ avec les parallèles menées par le point O, soit à l'asymptote AR, soit à la seconde asymptote de l'hyperbole H.

Deuxième Session. 1° Écrire l'équation générale des paraboles passant par deux points donnés A et B et dont les diamètres ont une direction donnée ;

2° Donner l'expression des coordonnées du sommet et du foyer de chacune de ces paraboles;

3° On mène à chaque parabole une tangente perpendiculaire à la droite AB; trouver le lieu des points de contact et construire ce lieu.

NOTATIONS. — La ligne AB étant prise pour axe des y et une perpendiculaire à cette ligne, pour axe des x, on fera $AB = 2a$ et l'on appellera m le coefficient angulaire de la direction des diamètres des paraboles considérées.

(Solution par M. KIEN. — *Nouvelles Annales*; 2e Série, t. XX, p. 464.)
(Solution par M. KIEN. — *Nouvelles Annales*; 3e Série, t. I, p. 278.)

1881. — *Première Session.* Soit

$$a^2y^2 + b^2x^2 = a^2b^2 \tag{1}$$

l'équation d'une ellipse rapportée à son centre O et à ses axes; soient α et β les coordonnées d'un point P situé dans le plan de cette ellipse :

1° Démontrer que les pieds des normales menées à cette ellipse par le point P sont situés sur l'hyperbole représentée par l'équation

$$c^2xy + b^2\beta x - a^2\alpha y = 0 \tag{2}$$

dans laquelle

$$c^2 = a^2 - b^2;$$

2° On considère toutes les coniques qui passent par les points communs aux courbes (1) et (2); dans chacune d'elles on mène le diamètre conjugué à la direction OP, et l'on projette le point O sur ce diamètre : trouver le lieu de cette projection.

3° Par les points communs aux courbes (1) et (2), on peut faire passer deux paraboles : trouver le lieu du sommet de chacune d'elles, quand le point P se meut sur une droite de coefficient angulaire donné m, menée par le point O.

On examinera, en particulier, le cas où $m = \frac{a^3}{b^3}$ et le cas où $m = -\frac{a^3}{b^3}$.

Deuxième Session. On donne une parabole $y^2 = 2px$ rapportée à son axe et à son sommet, et un point P (α, β) dans le plan de la courbe.

1° Démontrer que du point P on peut, en général, mener trois normales à la parabole; former l'équation du troisième degré qui donne les ordonnées des pieds A, B, C de ces normales;

2° Démontrer que chacune de ces deux courbes

$$xy + (p - \alpha)y - p\beta = 0,$$
$$y^2 + 2x^2 - \beta y - 2\alpha x = 0$$

passe par les quatre points A, B, C, P et trouver l'équation générale de toutes les coniques passant par ces quatre points;

3° Chacune de ces coniques coupe la parabole donnée aux trois points fixes A, B, C et en un quatrième point D; trouver les coordonnées du point D;

4° Par le sommet de la parabole donnée, on imagine deux droites parallèles aux asymptotes de l'une quelconque des coniques précédentes; on mène la droite joignant les points d'intersection de ces deux droites avec la conique, et on la prolonge jusqu'à sa rencontre avec la parallèle DD′ menée à l'axe de la parabole par le point D. Former et discuter l'équation du lieu de ce point de rencontre.

(Solution par M. Chambeau. — *Nouvelles Annales*; 3e Série, t. II, p. 500.)

1882. — *Première Session.* Soit $\frac{x^2}{a^2} + \frac{y^2}{b^2} - 1 = 0$ l'équation d'une ellipse rapportée à son centre et à ses axes; et soient α, β les coordonnées d'un point P situé dans le plan de cette ellipse.

Former l'équation générale des coniques qui passent par les points de contact M, M′ des tangentes menées du point P à l'ellipse, et par les points Q et Q′, où cette ellipse est rencontrée par la droite

$$\frac{\alpha x}{a^2} - \frac{\beta y}{b^2} + \mu = 0.$$

Disposer du paramètre μ et de l'autre paramètre variable que contient l'équation générale de manière qu'elle représente une hyperbole équilatère, passant par le point P.

On fait mouvoir le point P sur la droite représentée par l'équation $x + y = l$ et l'on demande :

1° Le lieu décrit par la projection du centre de l'ellipse sur la droite QQ';

2° Le lieu décrit par le point de rencontre des cordes MM et QQ'. Démontrer que ce dernier lieu passe par deux points fixes, quel que soit l, et déterminer ces points. Chercher pour quelles valeurs de l ce lieu se réduit à deux droites et déterminer ces droites.

(Solution par M. E. Levaire. — *Nouvelles Annales*; 3e Série, t. II, p. 311.)

Deuxième Session. On donne dans un plan deux axes de coordonnées rectangulaires Ox, Oy et deux points H et H', le premier défini par ses coordonnées a, b; le second symétrique du premier par rapport au point O.

Par ce dernier point, on mène une droite indéfinie DOE formant avec l'axe Ox un angle D$Ox = \theta$; on projette les points H, H' sur cette droite en h, h'.

On projette le point h en u sur l'axe Ox, et le point u en u_1 sur la droite DOE.

On projette le point h' en v sur l'axe Oy et le point v en v_1, sur la droite DOE; toutes ces projections soit orthogonales.

Enfin, sur la longueur $u_1 v_1$ comme hypoténuse, on construit un triangle rectangle $u_1 v_1$S en menant v_1S parallèle à Ox et u_1S parallèle à Oy.

Cela posé, on demande :

1° De trouver les coordonnées du point S en fonction des trois constantes a, b, θ;

2° D'écrire l'équation d'une parabole ayant le point S pour sommet, et la droite DOE pour directrice;

3° De démontrer que le lieu des foyers de toutes les paraboles obtenues en faisant varier l'angle θ se compose d'un système de deux circonférences de cercle;

4° De démontrer que toutes ces paraboles sont tangentes aux axes de coordonnées;

5° De démontrer que les cordes de leurs contacts avec ces axes se croisent toutes en un même point.

(Solution par M. E. Barisien. — *Nouvelles Annales*; 3e Série, t. II, p. 415.)

1883. — *Première Session.* On donne deux axes Ox, Oy, un point A sur Ox, un point B sur Oy :

1° Former l'équation générale des paraboles telles que, pour chacune d'elles, Oy soit la corde de contact des tangentes menées du point A, et Ox la corde de contact des tangentes menées du point B;

2° Trouver le lieu des points de rencontre de chacune des paraboles avec celui des diamètres qui passe par un point H donné sur Oy. On déterminera un nombre de conditions géométriques suffisant pour pouvoir tracer le lieu, et l'on cherchera comment doit être placé le point H, pour que le lieu se réduise à des droites;

3° Déterminer le paramètre variable que renferme l'équation générale du 1°, de façon qu'elle représente une parabole passant par un point donné P, et chercher dans quelles régions du plan doit se trouver le point P, pour que le problème soit possible.

(Solution par M. E. Barisien. — *Nouvelles Annales*; 3e Série, t. IV, p. 422.)

Deuxième Session. On donne dans un plan un rectangle ABCD et un point quelconque P; par ce point on mène une droite de direction arbitraire PR; des quatre sommets du rectangle, on abaisse des perpendiculaires AA', BB', CC', DD' sur cette droite.

Cela posé, on demande de démontrer :

1° Que parmi toutes les droites PR issues du point P, il en existe une PR', pour laquelle la somme r^2 des carrés des distances des quatre sommets du rectangle à cette droite est maxima, et une autre PR'', pour laquelle cette somme est minima;

2° Que les deux droites PR', PR'' sont rectangulaires;

3° Que le lieu géométrique des points P pour lesquels le maximum de r^2 conserve une valeur donnée μ^2 est une conique, et que la tangente à cette conique, au point P, est la droite PR'; que, de même le lieu des points P, pour lesquels le minimum de r^2 conserve une valeur donnée λ^2, est une conique et que la tangente à cette conique, au point P, est la droite PR'';

4° Que ces deux coniques sont homofocales et que leurs foyers communs sont indépendants des valeurs attribuées aux deux paramètres λ, μ; donner la position de ces foyers et examiner en particulier le cas où l'une des dimensions du rectangle s'annulerait.

(Solution par M. Moret-Blanc. — *Nouvelles Annales*; 3e Série, t. IV, p. 454.)

1884. — *Première Session.* On donne l'équation

$$a^2 y^2 - b^2 x^2 + a^2 b^2 = 0$$

d'une hyperbole rapportée à son centre et à ses axes et l'équation $y - kx = 0$ d'une droite menée par le centre de cette hyperbole :

1° Former l'équation générale des coniques qui passent par les points réels ou imaginaires, communs à l'hyperbole et à la droite données, et qui, de plus, sont tangentes à l'hyperbole en celui de ses sommets qui est situé sur la partie positive de l'axe des x. Discuter cette équation générale et reconnaître la nature des coniques qu'elle peut représenter;

2° Trouver le lieu des centres des coniques représentées par l'équation générale précédente. Ce lieu est une conique Δ : chercher un nombre de points et de tangentes suffisant pour déterminer géométriquement cette conique;

3° Trouver le lieu des points de contact des tangentes menées à la conique Δ parallèlement à la droite de coefficient angulaire $\frac{b}{a}$ quand on fait varier k. On vérifiera que l'équation de ce dernier lieu, qui est du troisième degré, représente trois droites.

Deuxième Session. On donne dans un plan deux axes de coordonnées rectangulaires Ox, Oy, et une droite quelconque coupant ces axes, respectivement, aux points A et B. On prend sur cette droite un point M dont les coordonnées sont α, β, et l'on construit, dans le plan, un point correspondant M' ayant pour coordonnées

$$x = \frac{f^2}{\alpha}; \qquad y = \frac{g^2}{\beta},$$

f et g étant deux longueurs constantes données.

Cela posé :

1° On demande d'écrire l'équation du lieu des points M' lorsque le point M se déplace sur la droite indéfinie AB. Ce lieu est une hyperbole qu'on désignera, dans ce qui va suivre, par la lettre H;

2° On demande de déterminer les éléments nécessaires à la définition complète de cette hyperbole H, et d'en construire géométriquement un point quelconque, ainsi que la tangente en ce point;

3° On suppose que la droite AB se déplace dans le plan, de telle façon que la somme des inverses de ses coordonnées à l'origine reste constante, soit de façon que

$$\frac{1}{OA} + \frac{1}{OB} = \frac{1}{l} = \text{const.}$$

A chaque position de la droite répondra une hyperbole H.

On demande de montrer que toutes ces hyperboles ont une corde commune, et de trouver le lieu des pôles de cette corde relativement aux diverses hyperboles (c'est-à-dire le lieu des points pour lesquels elle est corde de contact des tangentes menées de ce point à l'une des hyperboles);

4° On projette le centre C de l'hyperbole H répondant à la droite AB, sur cette droite, en D, et l'on demande de trouver le lieu des points D lorsque la droite AB se déplace, non plus selon la loi ci-dessus définie, mais en restant parallèle à elle-même.

(Solution par M. Barisien. — *Nouvelles Annales*; 3e Série, t. IV, p. 502.)

1885. — *Première Session.* On donne deux axes rectangulaires Ox, Oy et le cercle représenté par l'équation

$$(x-a)^2+(y-b)^2-r^2=0;$$

on considère la corde fixe AB menée par l'origine et partagée par ce point en deux parties égales, et une corde mobile CD, de direction constante, dont le coefficient angulaire est égal et de signe contraire à celui de la corde fixe AB.

On sait que par les quatre points A, B, C, D on peut faire passer deux paraboles P, P'.

Trouver, quand la corde CD se déplace parallèlement à elle-même :

1° Le lieu du point de rencontre des paraboles P et P';

2° Le lieu du sommet et celui du foyer de chacune de ces paraboles.

Deuxième Session. On donne dans un plan deux axes de coordonnées rectangulaires Ox, Oy et une droite AB définie par son coefficient angulaire m et son ordonnée à l'origine b et l'on demande :

1° De trouver la direction des diamètres des paraboles tangentes à l'axe des y au point B, où il est coupé par la droite AB et ayant leurs foyers sur cette dernière droite;

2° D'écrire l'équation générale de ces courbes;

3° De construire le lieu de leurs sommets;

4° De construire le lieu des points où leurs tangentes sont parallèles à l'axe des x;

5° De construire le lieu des pôles de l'axe des x relativement aux paraboles considérées.

En d'autres termes, par les deux points d'intersection de chaque parabole avec l'axe des x, on mène des tangentes à la courbe et l'on demande de trouver le lieu des points d'intersection de ces tangentes.

1886. — *Première Session.* On donne une ellipse rapportée à son centre et à ses axes, et, dans son plan, un point P dont les coordonnées sont a et b, et l'on considère toutes les paraboles bitangentes à l'ellipse en des points tels que la corde des contacts passe par le point P.

1° Former l'équation générale de ces paraboles;

2° Montrer qu'en général, par tout point Q du plan, passent deux des paraboles considérées, et reconnaître que les régions du plan, dans lesquelles doit se trouver le point Q pour que ces deux paraboles soient réelles, sont limitées par l'ellipse donnée et par une droite;

3° Trouver le lieu des positions que doit occuper le point Q pour que les axes des deux paraboles considérées qui passent par ce point soient rectangulaires;

4° Trouver le lieu du point de rencontre de l'axe de chacune des paraboles considérées avec la corde des contacts de cette parabole et de l'ellipse.

L'équation de ce lieu est du quatrième degré : on transportera les axes de coordonnées parallèlement à eux-mêmes, en prenant pour nouvelle origine le point P, et, cela fait, on montrera que l'équation du lieu peut être décomposée en deux équations du second degré.

Deuxième Session. Soit un rectangle OACB dont les côtés $OA = a$ et $OB = b$ prolongés sont pris, le premier pour axe des x, le second pour axe des y. On considère toutes les coniques qui passent par les trois points O, A, B et pour lesquelles la polaire du point C est parallèle à la droite AB.

1° Former l'équation générale de ces coniques. Trouver le lieu de leur centre, et sur ce lieu, séparer les parties qui contiennent des centres d'ellipses de celles qui contiennent des centres d'hyperboles;

2° A chacune de ces coniques on mène la normale au point A et la normale au point B; trouver le lieu du point de rencontre de ces deux normales;

3° Soit Δ une quelconque des coniques considérées; si par le point C on mène à cette conique des normales, on sait que les pieds de ces normales sont les points de rencontre de la conique Δ et d'une certaine hyperbole équilatère. Former l'équation de cette hyperbole quand la conique Δ varie.

1887. — *Première Session.* On considère toutes les coniques qui ont un foyer en un point donné F, et qui passent par deux points donnés A et B.

1° Montrer que ces coniques forment deux séries telles que, pour toute conique d'une série, la directrice correspondant au foyer F passe par un point fixe de la droite AB, situé entre A et B, tandis que, pour toute conique de l'autre série, la directrice correspondant au foyer F passe par un point fixe de la droite AB, non situé entre A et B;

2° Trouver le lieu des centres des coniques considérées et montrer qu'il se compose de deux coniques homofocales;

3° Prenant un point C sur le lieu précédent, reconnaître, d'après la position qu'il occupe sur ce lieu, si la conique considérée dont le point C est centre est telle que les points AB sont sur une même branche ou sur deux branches différentes de cette conique;

4° Si le point C est tel que les points AB sont sur une même branche de la conique considérée, reconnaître, d'après la position du point C, si cette conique est du genre ellipse ou du genre hyperbole, et, dans ce dernier cas, si les points A et B sont sur la branche voisine du point F ou sur l'autre.

Nota. — On prendra pour axe des x la droite AB et pour axe des y la perpendiculaire à cette droite menée par le milieu de AB.

(Solution par M. Payet. — *Nouvelles Annales*; 3e Série, t. VII, p. 325.)

Deuxième Session. On donne deux axes rectangulaires Ox, Oy, un point A sur Ox, un point B sur Oy,

$$OA = a, \qquad OB = b.$$

1° Écrire l'équation générale des paraboles qui passent par les trois points O, A, B. Trouver le lieu des points M pour lesquels ces deux paraboles sont confondues et indiquer la région du plan qui contient les points où il n'en passe aucune réelle;

2° Trouver le lieu des points M tels que les axes des deux paraboles qui y passent forment entre eux un angle donné α. Construire le lieu pour le cas où $\alpha = 90°$;

3° Trouver le lieu du point de chacune de ces paraboles pour lequel la tangente est parallèle à OA; celui du point où la tangente est parallèle à OB; celui du point où la tangente est parallèle à AB. Ces lieux sont trois coniques. Construire ces coniques; vérifier que deux quelconques d'entre elles n'ont pas de point commun réel à distance finie; marquer leurs centres D, E, F, et comparer le triangle DEF au triangle OAB;

4° On joint l'origine O au point F centre de la conique, lieu du point de contact des tangentes parallèles à AB, et à cette droite OF, on élève au point O une perpendiculaire qui rencontre la droite AB en P. On demande le lieu du point P lorsque, le point A restant fixe, le point B parcourt l'axe des y.

1888. — *Première session.* Étant donnés deux axes rectangulaires Ox, Oy et un point A sur l'axe des x, on considère le faisceau des coniques pour lesquels l'axe des y est une directrice et le point A un sommet de l'axe focal. Par un point quelconque M du plan des axes passent deux coniques de ce faisceau, réelles ou imaginaires.

1° Déterminer les parties du plan dans lesquelles doit être le point M pour que les deux coniques du faisceau qui passent par ce point soient réelles et celles où il doit être pour que les deux coniques soient imaginaires (La ligne de séparation est de degré supérieur au second.);

2° Reconnaître, d'après la position d'un point par lequel passent deux coniques réelles, le genre de ces coniques;

3° Trouver le lieu des points de contact des tangentes menées de l'origine des coordonnées à toutes les coniques du faisceau considéré.

Deuxième session. On donne une ellipse rapportée à ses axes

$$a^2 y^2 + b^2 x^2 = a^2 b^2,$$

et, dans son plan, un point P (p, q) par lequel on mène deux droites parallèles aux bissectrices des angles des axes. On considère toutes les coniques passant par les points d'intersection de ces droites avec l'ellipse donnée. Écrire l'équation générale de ces coniques; trouver le lieu de leurs centres et distinguer les portions de cette courbe qui correspondent à des centres d'ellipses ou à des centres d'hyperboles.

On prend la polaire de l'origine des coordonnées par rapport à chacune des coniques et l'on abaisse du point P une perpendiculaire sur cette polaire. Trouver le lieu des pieds de ces perpendiculaires.

Parmi les coniques considérées se trouvent deux paraboles; trouver leurs foyers pour une position donnée du point P et les lieux de ces foyers lorsque le point P parcourt: 1° une des bissectrices des axes de l'ellipse donnée, 2° la circonférence circonscrite au rectangle des axes de cette ellipse.

1889. — *Première session.* Soient Ox et Oy deux axes rectangulaires et LL' une droite parallèle à Oy dont l'équation est $x - a = 0$. On considère le faisceau des paraboles qui passent par le point O et qui ont la droite LL' comme directrice.

1° Trouver le lieu du foyer et le lieu du sommet de chacune de ces paraboles;

2° Par un point quelconque du plan xOy passent deux des paraboles considérées, réelles ou imaginaires. Déterminer la région du plan dans laquelle doit être ce point pour que les deux paraboles soient réelles;

3° Étant données les coordonnées d'un point M du plan xOy, former l'équation qui a pour racines les coefficients angulaires des tangentes au point O aux deux paraboles du faisceau considéré qui passent par ce point M. En déduire l'équation de la ligne S sur laquelle doit se trouver le point M pour que les tangentes au point O aux deux paraboles du faisceau qui passent par M soient rectangulaires.

4° Soit M un point situé sur la ligne S et soient F, F' les foyers des deux paraboles du faisceau considéré qui passent par ce point; démontrer que lorsque le point M se déplace sur la ligne S, la droite FF' tourne autour d'un point fixe.

Deuxième session. 1° Démontrer que les coniques représentées par l'équation

$$(A) \qquad (1 - m^2)x^2 + y^2 - 2mrx - r^2 = 0,$$

où l'on suppose m variable, ont deux points communs et que, si les axes sont rectangulaires, elles ont en outre un foyer commun;

2° Trouver l'équation (B) de la conique assujettie aux conditions suivantes : passer par l'origine, être tangente à l'une des coniques représentées par (A) en un point P (x', y') pris sur cette courbe, et enfin passer par les deux projections du point P sur les axes de coordonnées;

3° Trouver le lieu des points de contact avec les courbes représentées par (A) des tangentes issues d'un point $(x = 0, y = 4)$ de l'axe des y lorsque l'on fait varier m;

4° Trouver le lieu des centres des courbes (B) correspondantes à une courbe (A) quand on fait varier le point P sur cette courbe;

5° Discuter l'équation B en supposant que l'on déplace le point P sur une des courbes représentées par l'équation (A); séparer les parties qui correspondent à des ellipses de celles qui correspondent à des hyperboles, et trouver le lieu de séparation lorsque l'on fait varier m.

1890. — *Première session.* On donne deux axes rectangulaires $x'Ox$, $y'Oy$, et deux points A, B symétriques par rapport au point O.

1° On prend, sur l'axe des x, un point quelconque P, et l'on considère la parabole (P) qui est tangente aux droites PA, PB au point A et au point B. Lieu du sommet et du foyer de cette parabole quand le point P parcourt l'axe $x'Ox$;

2° On prend, sur l'axe des y, un point Q quelconque, et l'on considère la parabole (Q) qui est tangente aux droites QA, QB, au point A et au point B. Les deux paraboles (P) et (Q) qui correspondent ainsi à un point P pris sur $x'Ox$ et à un point Q pris sur $y'Oy$, se coupent aux points A, C et en deux autres points C, D. Former l'équation de la droite CD, et trouver le lieu décrit par les points C et D quand les deux points P et Q se déplacent l'un sur $x'Ox$, l'autre sur $y'Oy$, de façon que l'abscisse du premier soit toujours égale à l'ordonnée du second.

Deuxième session. On donne une parabole rapportée à deux axes rectangulaires Ox et Oy; cette parabole a son axe parallèle à l'axe des y, elle passe par l'origine et le point de l'axe des x dont l'abscisse est l, enfin elle admet une ordonnée maxima égale à f.

On donne en outre une droite passant par l'origine et un point A ($x = l, y = h$).

1° Démontrer que, si, pour une abscisse déterminée, on porte en ordonnée la somme algébrique de l'ordonnée de la droite et de celle de la parabole correspondant à cette abscisse, l'extrémité de cette ordonnée est sur une parabole (P) égale à la première;

2° Démontrer que les axes des coniques qui passent par l'intersection d'un cercle et d'une conique sont parallèles aux axes de celle-ci;

3° Une circonférence de cercle décrite sur OA comme diamètre coupant la parabole (P) en quatre points O, A, B, C, chercher le lieu du point d'intersection des sécantes communes OA, BC quand on fait varier h et construire ce lieu qui n'est pas du deuxième degré;

4° Chercher la valeur du rapport $\frac{l}{f}$ pour laquelle le cercle décrit sur OA comme diamètre est tangent à la parabole, quel que soit h.

NOTA. Les solutions des questions proposées de 1862 à 1887 pour l'admission à l'École Centrale se trouvent dans le *Recueil de problèmes de Géométrie analytique*, par Ch. Brisse (Paris, Gauthier-Villars et fils; 1889).

IV. — Concours général.

1850. — Étant donnés deux axes fixes Ox, Oy; autour d'un point fixe P, pris dans le plan de ces axes, on fait tourner un angle aPb de grandeur donnée et constante (a marquant le point où l'un des côtés de l'angle va couper l'axe Ox, et b le point où l'autre côté va couper l'autre axe Oy).

On demande de prouver qu'il existe sur l'axe Ox un point fixe A et sur l'axe Oy un point fixe B, tels que le produit du segment Aa par Bb reste constant pour toutes les positions de l'angle.

On examinera le cas particulier où les axes Ox et Oy coïncident.

1851. — Étant donnée une droite LL', on mène de chacun de ses points m, deux droites à deux points fixes p, p'.

Deux autres points fixes O et O' sont les sommets de deux angles aOb, $a'O'b'$ de grandeurs données, et constants, que l'on fait tourner autour de leurs sommets respectifs, de manière que les côtés Oa, $O'a'$ soient respectivement perpendiculaires sur mp, mp'.

On demande :

1° Quelle est la courbe qui est décrite par le point d'intersection n des deux côtés Oa, $O'a'$;

2° Quelle est la courbe qui est décrite par le point d'intersection n' des deux autres côtés Ob, $O'b'$, quand le point m glisse sur la droite LL'.

(Solution par M. DE POLIGNAC (2e prix). — *Nouvelles Annales*; 1re Série, t. XI, p. 91.)

1852. — Étant donnés : 1° les distances $FM = R$, $FM' = R'$, $FM'' = R''$ de trois points M, M', M'' d'une section conique au foyer

F de cette courbe; 2° les angles MFA, M'FA, M''FA qui déterminent les positions des rayons vecteurs FM, FM', FM'', relativement à une droite fixe FA menée par le foyer dans le plan de la courbe ;

On demande : 1° de déterminer complètement la courbe, sa nature, sa situation et ses dimensions ; 2° d'appliquer la solution aux données suivantes :

$$R = 0,309\,080\,11, \quad MFA = 16°58'32'',3,$$
$$R' = 0,409\,450\,1, \quad M'FA = 117°22'40'',5,$$
$$R'' = 0,437\,418, \quad M''FA = 222°12'35''.$$

(Solution par M. Barjou. — *Nouvelles Annales* ; 1re Série, t. XI, p. 355.)

1853. — *Première question.* Déterminer les valeurs de u, x, y, z satisfaisant aux équations

$$(u - a)x + by + cz = 0,$$
$$bx + (u - b')y + c'z = 0,$$
$$cx + c'y + c''z = 0,$$

a, b, c, b', c', c'' sont des coefficients numériques, *les trois derniers sont positifs ?*

Former l'équation $f(u) = 0$ dont dépendent les valeurs de u; u_1 étant une des valeurs de u, x_1, y_1, z_1 les valeurs correspondantes de x, y, z; u_2 étant une seconde valeur de u, et x_2, y_2, z_2 les valeurs correspondantes de x, y, z; prouver qu'on a entre ces quantités la relation

$$(u_2 - u_1)(x_1 x_2 + y_1 y_2 + z_1 z_2) = 0$$

et que cette relation est incompatible avec des valeurs imaginaires de u. Considérer le cas particulier où l'on a

$$a = 0, \quad b' = 1, \quad c'' = 2; \quad b = 1, \quad c = 1, \quad c' = 1$$

et déterminer avec cinq figures *la valeur de* u supérieure à l'unité et les valeurs correspondantes de x, y, z. (*Question retirée.*)

Deuxième question. — Donner une définition géométrique de la parabole, et, partant de cette définition, exposer géométriquement les diverses propriétés de la courbe.

1854. — 1° On sait et l'on démontre aisément que, si un cercle roule intérieurement sur la circonférence d'un autre cercle d'un rayon double, la ligne décrite par un point de la première circonférence est un diamètre de la seconde, et l'on a fait d'intéressantes applications de cette propriété aux arts industriels. On propose d'examiner le cas où le point décrivant est situé sur un rayon du cercle mobile, en dedans ou en dehors de sa circonférence ; on déterminera la nature de la courbe que ce point décrit.

2° Démontrer le théorème suivant relatif à l'hyperbole.

Si l'on prend pour diamètre d'un cercle la portion de l'axe non transverse comprise entre le centre et la normale en un point quelconque de la courbe, la tangente menée au cercle par ce dernier point est égale au demi-axe réel.

Résoudre, d'après cela, la question suivante :

Étant donnés les deux sommets et un troisième point quelconque de l'hyperbole, construire la normale en ce point.

Indiquer les propriétés et les constructions analogues pour l'ellipse.

(Solution par M. Vieille. — *Nouvelles Annales* ; 1re Série, t. XIV, p. 28.)

1855. — Des formules d'interpolation et de leurs applications.

Résoudre l'équation

$$1,3 \operatorname{tang} x - \cos\left(\frac{x}{2} + 45^0\right) = 0,31416.$$

1856. — 1° Démontrer que si quatre forces se font équilibre, on peut considérer leurs directions comme des génératrices d'un même hyperboloïde à une nappe.

2° Développer $\log(1 + x)$ en série.

1857. — Étant données deux coniques C et C', on mène dans la première tous les systèmes possibles de diamètres conjugués, et, par un point de la circonférence de l'autre, on mène des parallèles aux diamètres de chaque système.

Faire voir que la droite qui joint les seconds points d'intersection de ces parallèles avec la courbe passe par un point fixe.

(Solution par MM. Burat et Bos. — *Nouvelles Annales*; 1re Série, t. XVIII, p. 282.)

(Autre Solution par M. Delaitre. — *Nouvelles Annales*; 2e Série, t. IV, p. 353.)

1858. — k étant un nombre donné et α un angle aussi donné, mais compris entre o et 180°; g, G et h étant des inconnues auxiliaires liées par les relations

$$G \sin g = -\sin \alpha,$$
$$G \cos g = k \sin \alpha + \cos \alpha,$$
$$h = \frac{G \sin^2 \alpha}{k};$$

On demande les racines réelles de l'équation

$$h \sin^4 x - \sin(x - \alpha) = 0.$$

On donnera à G le même signe que k.

1859. — *Première question* (retirée sur la déclaration de plusieurs élèves de l'avoir traitée). On donne les trois axes $2a$, $2b$, $2c$ d'un ellipsoïde, et l'on demande de calculer l'aire de la section faite dans ce corps par un plan mené par le centre perpendiculairement à la droite qui fait avec les trois axes les angles α, β, γ.

On propose en outre de trouver l'équation de la surface conique formée par les perpendiculaires élevées par le centre à tous les plans qui, passant par ce point, déterminent des sections ayant une même aire donnée.

Deuxième question. — Par un point donné sur l'axe d'un paraboloïde de révolution on mène une sécante, et par les points où cette sécante coupe la surface, on mène des normales à la section méridienne qui les contient; ces normales se rencontrent en un point dont on demande le lieu.

On examinera si tous les points de la surface obtenue font réellement partie du lieu.

1860. — Étant donnés deux ellipsoïdes A et B, trouver le lieu des sommets des trièdres dont les faces sont tangentes à A et parallèles à trois plans diamétraux conjugués de B.

(Solution par M. Lemoine. — *Nouvelles Annales*; 1re Série, t. XIX, p. 349.)

1861. — Un ellipsoïde étant donné, trouver le lieu des centres des sections planes dont l'aire est égale à une constante donnée.

1862. — On donne deux coniques ayant un même foyer et leurs axes proportionnels. Soient FA, FA' leurs rayons vecteurs minimums; on fait tourner ces rayons vecteurs autour de F, en conservant leur distance angulaire, soit FC, FC' une position quelconque. En C et C' on mène les tangentes à chacune des coniques. Trouver le lieu de leur point M de rencontre.

(Solution par M. Lebasteur (1er prix). — *Nouvelles Annales*; 2e Série, t. V, p. 370.)

1863. — Une surface de révolution du second degré pourvue d'un centre se meut de manière que, dans chacune de ses positions, elle rencontre suivant une circonférence de cercle une surface du second degré fixe et donnée. On demande le lieu du centre de la surface mobile.

1864. — Deux paraboles de même paramètre ont leurs axes à angle droit, l'une d'elles est fixe, l'autre est mobile. Une corde commune AB passe constamment par le pied D de la directrice de la parabole fixe.

On demande le lieu décrit par le sommet de la parabole mobile.

1865. — Étant données deux sections coniques tangentes en un point O, on leur mène la tangente commune OR, ainsi que les tangentes communes extérieures AA', BB', qui se coupent au point M. Cela posé, on propose de démontrer que :

1° La droite PP', qui joint P, P' diamétralement opposés au point O dans les deux coniques, passe par le point M;

2° Les droites AB, A'B', qui joignent les points de contact de chaque conique avec les tangentes extérieures communes, se coupent en un point R qui est situé sur la tangente commune intérieure OR;

3° Les tangentes menées aux deux coniques par le point R touchent ces courbes en des points situés sur la droite MO.

On fera voir que généralement le point R ne partage cette propriété avec aucun point, et l'on déterminera la condition qui doit être remplie pour qu'il existe une ligne telle, que les tangentes menées par chacun des points de cette ligne, aux deux coniques, donnent quatre points de contact en ligne droite.

1866. — Démontrer que les quatre points d'intersection de deux coniques quelconques inscrites dans un même rectangle sont les sommets d'un parallélogramme dont les côtés sont parallèles à deux directions fixes. Trouver le lieu géométrique des points de contact de toutes les coniques inscrites dans un même rectangle avec des tangentes issues d'un point donné ou menées parallèlement à une direction donnée. Trouver le lieu géométrique des points de ces coniques où la tangente fait un angle donné avec le diamètre qui aboutit au point de contact.

1867. — Un ellipsoïde étant donné, on propose de trouver une droite L dans l'espace et un point P sur l'ellipsoïde, de façon que les cônes qui ont pour sommet commun le point P et pour bases les sections faites dans l'ellipsoïde par les plans contenant la droite L soient tous de révolution; on cherchera, en outre, quel est le lieu des positions que prend la droite L lorsque le plus grand et le plus petit axe de l'ellipsoïde restant invariables de grandeur et de position, on fait varier la longueur de l'axe moyen.

(Solution par MM. Ellie, Welsch, Duvivier. — *Nouvelles Annales*; 2e Série, t. VI, pp. 457, 459, 462.)

1868. — On propose : 1° de trouver le lieu géométrique des points divisant dans un rapport donné les portions des tangentes à une conique qui sont comprises entre deux droites fixes; 2° de classer méthodiquement, en s'attachant surtout aux cas généraux, les diverses formes que ce lieu géométrique peut affecter; 3° de trouver les conditions que doivent remplir la conique et les deux droites fixes pour que le lieu géométrique demandé se décompose en lignes du premier ou du second ordre.

1869. — On donne un cercle dont le centre est en O et un point P dans le plan de ce cercle, en dehors de la circonférence.

Trouver le lieu décrit par les foyers d'une hyperbole équilatère doublement tangente au cercle et passant par le point P.

On construira le lieu en supposant la distance PO égale au triple du rayon de la circonférence.

1870. — On donne dans un plan deux ellipses concentriques ayant mêmes directions d'axes, et l'on demande le lieu des points tels que les cônes ayant ces points pour sommets et les ellipses pour directrices soient égaux.

(Solution par M. Augier. — *Nouvelles Annales*; 2e Série, t. X, p. 138.)

1871. — (*Il n'y a pas eu de Concours général.*)

1872. — Étant donné un prisme triangulaire droit, on le coupe par des plans rencontrant les trois arêtes, de telle manière que les volumes des troncs de prisme obtenus soient dans un rapport donné : 1° trouver la surface engendrée par le centre de gravité de l'un des troncs de prisme, quand le plan sécant se déplace sans cesser de rencontrer les trois arêtes; 2° trouver les courbes qui forment les contours de cette surface.

On examinera en particulier le cas où le prisme donné a pour bases des triangles équilatéraux.

1873. — Une surface du second ordre S étant donnée, ainsi que deux points A et B sur cette surface, il existe une infinité de surfaces du second ordre Σ, qui sont tangentes en A et en B à la surface. On propose de trouver :

1° Le lieu géométrique des centres des surfaces Σ;

2° Le lieu géométrique des points de contact de ces surfaces avec les plans tangents qu'on peut leur mener parallèlement à un plan donné;

3° Le lieu géométrique des points de contact de ces mêmes surfaces avec les plans tangents qu'on peut leur mener par une droite donnée.

(Solution par M. Ch. Brisse. — *Nouvelles Annales*; 2e Série, t. XII, p. 18.)

(Solution géométrique par M. Genouille, p. 21.)

1874. — Démontrer que la forme la plus générale d'un polynôme entier $F(x)$ réciproque et satisfaisant à la condition

$$F(x) = F(1 - x)$$

est

$$\left\{\begin{aligned} F(x) = {} & (x^2 - x)^{2p}(x^2 - x + 1)^q\,[A_0(x^2 - x + 1)^{3n} \\ & + A_1(x^2 - x + 1)^{3(n-1)}(x^2 - x)^2 + A_2(x^2 - x + 1)^{3(n-2)}(x^2 - x)^4 + \ldots \\ & + A_n(x^2 - x)^{2n}], \end{aligned}\right.$$

p, q, n étant des nombres entiers, et $A_0, A_1, A_2, \ldots, A_n$ des constantes quelconques. On dit qu'un polynôme entier $F(x)$ est réciproque ($F(x)$ étant de degré M) lorsqu'il satisfait à la relation

$$F\left(\frac{1}{x}\right) = \frac{F(x)}{x^m}, \qquad m \leqq M.$$

(Solution par M. Moret-Blanc. — *Nouvelles Annales*; 2e Série, t. XIV, p. 494.)

1875. — On donne un ellipsoïde, un plan et un point dans ce plan. On demande le lieu des sommets des cônes circonscrits à l'ellipsoïde, et dont la trace sur le plan donné admet le point donné pour foyer.

(Solution par M. Tourrettes. — *Nouvelles Annales*; 2e Série, t. XV, p. 269.)

1876. — Étant donné un parallélépipède, on considère trois arêtes qui n'ont pas d'extrémité commune et les deux sommets non situés sur ces trois arêtes :

1° Trouver l'équation du lieu d'une courbe plane du second degré, passant par ces deux points et s'appuyant sur les trois arêtes;

2° Chercher les droites réelles situées sur la surface;

3° Étudier la forme des sections faites dans la surface par des plans parallèles à l'une des faces du parallélépipède.

(Solution par M. Tourrettes. — *Nouvelles Annales*; 2e Série, t. XVIII, p. 102.)

1877. — Rechercher les surfaces S du second degré sur lesquelles il existe une droite D, telle que l'hyperboloïde de révolution H, qui a pour axe une génératrice rectiligne quelconque G, de la surface S, du même système que D, et qui passe par la droite D, coupe orthogonalement la surface S en tous les points de cette droite.

Si l'on considère tous les hyperboloïdes H qui se rapportent à une même surface S jouissant de la propriété énoncée :

1° Trouver le lieu des sommets A et celui des foyers F des hyperboloïdes H' conjugués des hyperboloïdes H;

2° Par l'un des foyers F de l'hyperboloïde H' on mène un plan P parallèle à la perpendiculaire commune aux deux droites G et D, et faisant, avec cette dernière, un angle supplémentaire de celui que fait avec cette même droite l'axe G de l'hyperboloïde H; trouver le lieu de la droite qui joint le point où le plan P coupe la droite D à l'un des points où ce plan coupe la courbe d'intersection de la surface S et de l'hyperboloïde H.

(Solution par M. Moret-Blanc. — *Nouvelles Annales*; 2e Série, t. XVII, p. 209.)
(Solution par M. Boudé (Prix d'honneur). — 2e Série, t. XIII, p. 13.)

1878. — Les droites A'OA, B'OB, C'OC sont trois axes de coordonnées rectangulaires; on suppose $OA' = OA = a$, $OB' = OB = b$, $OC' = OC = c$. Déterminer : 1° le lieu des axes de révolution des surfaces du second degré qui passent par les six points A′, A, B′, B, C′, C; 2° le lieu des extrémités D de ces axes.

On construira la projection du lieu des points D sur le plan AOB, en supposant $a > c > b$, et l'on partagera la courbe en arcs tels que chacun d'eux corresponde à des surfaces de même espèce.

(Solution par M. Michaux. — *Nouvelles Annales*; 2e Série, t. XX, p. 17.)

1879. — On donne un hyperboloïde, par un point P pris dans le plan de l'ellipse de gorge on mène une parallèle à une génératrice quelconque, et l'on considère le cylindre de révolution qui aurait pour axe cette parallèle et passerait par la génératrice. Ce cylindre coupe l'hyperboloïde suivant une courbe du troisième degré.

Cette courbe du troisième degré possède un point double dont on demande le lieu.

(Solution par M. Griess. — *Nouvelles Annales*; 2e Série, t. XX, p. 20.)

Question retirée. — Étant donnée une équation du troisième degré

$$x^3 + ax^2 + bx + c = 0,$$

calculer les coefficients m, n, p d'un polynôme du second degré

$$mx^2 + nx + p$$

tel que les valeurs que prend ce polynôme quand on y remplace x successivement par les trois racines de l'équation proposée soient égales à ces trois racines.

Réciproquement, étant donné un polynôme du second degré $mx^2 + nx + p$, calculer les coefficients a, b, c d'une équation du troisième degré

$$x^3 + ax^2 + bx + c = 0$$

telle que la propriété énoncée précédemment ait lieu.

1880. — Sur une courbe donnée du troisième degré, ayant un point de rebroussement O, on considère une suite de points A_{-n}, $A_{-(n-1)}$, ..., A_{-2}, A_{-1}, A_0, A_1, A_2, ..., A_{n-1}, A_n, tels que la tangente en chacun de ces points rencontre la courbe au point suivant :

1° Étant données les coordonnées du point A_0, on propose de trouver les coordonnées des points A_{-n}, A_n, et de déterminer les limites vers lesquelles tendent ces points quand l'indice n augmente indéfiniment;

2° On demande le lieu décrit par le premier point limite lorsque la courbe du troisième degré se déforme en conservant le même point de rebroussement O, la même tangente en ce point, et en passant constamment par trois points fixes P, Q, R;

3° On étudiera comment varient les points d'intersection de ce lieu et des côtés du triangle PQR, quand les sommets de ce triangle se déplacent sur des droites passant par le point O.

(Solution par M. Dorlet. — *Nouvelles Annales*; 3e Série, t. I, p. 256.)

Question retirée. — Le produit

$$\left(1+qz\right)\left(1+q^3z\right)\cdots\left(1+q^{2n-1}z\right)$$
$$\times\left(1+\frac{q}{z}\right)\left(1+\frac{q^3}{z}\right)\cdots\left(1+\frac{q^{2n-1}}{z}\right)$$

est représenté par

$$\frac{A_{-n}}{z^n}+\ldots+\frac{A_{-1}}{z}+A_0+A_1z+\ldots A_nz^n;$$

1° On demande d'exprimer en fonction du paramètre q les coefficients des différentes puissances de la variable z;

2° Le paramètre q étant un nombre réel dont la valeur absolue est inférieure à l'unité, ou une quantité imaginaire dont le module est inférieur à l'unité, démontrer que le coefficient d'une puissance quelconque de z tend vers une limite, quand n augmente indéfiniment, et déterminer cette limite.

1881. — Trouver le lieu des points tels que les pieds des six normales qu'on peut mener de l'un quelconque d'entre eux à un ellipsoïde donné à trois axes inégaux se séparent en deux groupes de trois points dont les plans respectifs soient parallèles entre eux.

Montrer que, si l'on donne un point P du lieu, la solution de ce problème : mener du point P les normales à l'ellipsoïde, dépend de la résolution de deux équations du troisième degré.

Discuter ces équations.

(Solution par M. Giat. — *Nouvelles Annales*; 3e Série, t. IV, p. 265.)

1882. — Par un point P pris dans le plan d'une parabole donnée, dont le sommet est en O, on mène à cette courbe trois normales qui la rencontrent aux points A, B, C. Les longueurs PA, PB, PC,

PO, étant représentées respectivement par a, b, c, l, on demande de former l'équation du troisième degré dont les racines sont

$$l^2 - a^2, \qquad l^2 - b^2, \qquad l^2 - c^2,$$

et d'indiquer les signes des racines d'après la position du point P dans les diverses régions du plan.

1883. — D'un point P, pris sur une normale en un point A d'un paraboloïde elliptique, on peut mener à la surface quatre autres normales ayant pour pieds des points B, C, D, E :

1° Trouver l'équation de la sphère S passant par les quatre points B, C, D, E;

2° Trouver le lieu des centres des sphères S quand le point P se déplace sur la normale au point A, ainsi que la surface engendrée par la droite PI.

(Solution par M. Fontené. — *Nouvelles Annales*; 3e Série, t. III, p. 423.)

(Autre solution par M. Roussel. — *Nouvelles Annales*; 3e Série, t. VII, p. 344.)

1884. — Par le centre d'un ellipsoïde donné, on mène trois diamètres conjugués quelconques, et, par les points où ces droites rencontrent la sphère circonscrite au parallélépipède formé par les plans tangents aux sommets de l'ellipsoïde, on fait passer des plans.

1° Trouver le lieu des pieds des perpendiculaires abaissées d'un point donné P sur ces plans variables.

2° Ce lieu est une surface du quatrième ordre, dont l'équation peut être ramenée à la forme suivante

$$(x^2 + y^2 + z^2)^2 + 4Ax^2 + 4A'y^2 + 4A''z^2 + 8cx + 8c'y + 8c''z + 4D = 0.$$

Trouver toutes les sphères telles que chacune d'elles coupe la surface suivant deux cercles.

3° Ces sphères forment cinq séries, parmi lesquelles deux ne sont pas distinctes.

Démontrer que les sphères de la série *double* passent toutes par un même point, et trouver le lieu de leurs centres.

Démontrer que les sphères des trois autres séries coupent respectivement à angle droit les sphères fixes S_1, S_2, S_3.

4° Trouver le lieu des centres des sphères de ces trois séries.

(Solution par M. Ch. Brisse. — *Nouvelles Annales*; 3e Série, t. III, p. 323.)

1885. — Étant donné un hyperboloïde à une nappe, on considère toutes les cordes de cette surface qui sont vues du centre sous un angle droit et l'on demande :

1° L'équation du cône lieu géométrique des cordes D qui passent par un point donné S ainsi que les positions du point S pour lesquelles ce cône est de révolution;

2° La courbe à laquelle sont tangentes toutes les cordes D situées dans un plan donné P ainsi que les positions du plan P pour lesquelles cette courbe est une parabole ou une circonférence de cercle.

(Solution par M. MARCHAND. — *Nouvelles Annales*; 3e Série, t. VII, p. 8.)

1886. — Étant donnés une surface du second ordre S et deux points A et B, on mène par B une sécante qui rencontre la surface S aux points C, C′ et le plan polaire du point A au point D. Soient M et M′ les points où la droite AD rencontre les plans qui touchent la surface aux points C et C′. La sécante BD tournant autour du point B, on demande le lieu décrit par les points M et M′. Ce lieu se compose de deux surfaces du second ordre dont l'une est indépendante de la position occupée par le point B dans l'espace et dont l'autre Σ dépend de la position de ce point. Chercher ce que devient Σ, quand, dans la construction qui donne les points de cette surface, on fait jouer au point A le rôle du point B et inversement.

Le point A restant fixe, déterminer les positions occupées par le point B quand la surface Σ n'a qu'un centre unique à distance finie.

(Solution par M. MARCHAND. — *Nouvelles Annales*; 3e Série, t. VII, p. 14.)

(Autre solution par M. MALO. — *Nouvelles Annales*; 3e Série, t. VII, p. 317.)

1887. — 1° On représente par

$$(x_1, y_1), \qquad (x_2, y_2), \qquad \ldots, \qquad (x_m, y_m)$$

les coordonnées des points d'intersection de deux courbes algébriques dont les équations mises sous forme entière sont

$$f(x, y) = 0, \qquad F(x, y) = 0.$$

On suppose que ces points d'intersection sont simples et situés à distance finie. Montrer que, pour chaque valeur de i, on peut écrire

$$f(x,y) = (x - x_i), \quad a_i(x,y) + (y - y_i), \quad b_i(x,y),$$

$$(i = 1, 2, 3, \ldots, m),$$

$$\mathrm{F}(x,y) = (x - x_i), \quad \mathrm{A}_i(x,y) + (y - y_i), \quad \mathrm{B}_i(x,y),$$

les coefficients a_i, b_i, A_i, B_i, étant des polygones en x, y.

On pose

$$\varphi_i(x,y) = \begin{vmatrix} a_i & b_i \\ \mathrm{A}_i & \mathrm{B}_i \end{vmatrix}$$

et

$$\Phi(x,y) = \sum_{i=1}^{i=m} \mathrm{C}_i \varphi_i(x,y),$$

et l'on demande de déterminer les constantes C_i de manière que le polynôme Φ prenne pour $x = x_i$ et $y = y_i$ une valeur donnée u_i. Montrer que le polynôme Φ, ainsi obtenu, comprend, comme cas particulier, la formule d'interpolation de Lagrange. Démontrer que tous les polynômes en x et en y qui, pour $x = x_i$ et $y = y_i$, prennent la valeur u_i peuvent être mis sous la forme

$$\Phi + \mathrm{M}f + \mathrm{NF},$$

M et N étant des polynômes en x et en y.

2° Soient

$$f = 0, \qquad \mathrm{F} = 0$$

les équations de deux coniques u et U, et λ_1, λ_2, λ_3 les racines de l'équation obtenue en égalant à zéro le discriminant de la fonction

$$f - \lambda \mathrm{F};$$

trouver la relation entre λ_1, λ_2, λ_3 exprimant la condition nécessaire et suffisante pour qu'on puisse inscrire dans la conique u, un quadrilatère circonscrit à la conique U.

1888. — Soit C la courbe, lieu géométrique des sommets des angles de grandeur coustante, circonscrite à une ellipse donnée E; D une droite également donnée. Démontrer qu'il y a trois coniques tangentes à la droite D et touchant en quatre points la courbe C. Déterminer la nature de ces trois coniques.

Soient $\alpha_1, \alpha_2, \alpha_3, \alpha_4$ les points où la droite D rencontre la courbe C; par deux de ces points α_1, α_2, par exemple, on fait passer une série de cercles coupant la courbe C en deux points variables M et M'; trouver la courbe enveloppe des droites MM'.

On suppose la droite D, tangente à l'ellipse E, et, par les points α_1, α_2, α_3, α_4, où cette tangente rencontre la courbe C, on mène des tangentes autres que la tangente D; trouver le lieu décrit par les sommets du quadrilatère formé par ces tangentes, quand la droite D roule sur l'ellipse E.

(Solution par M. Ch. Brisse. — *Nouvelles Annales*; 3e Série, t. VII, p. 231.)

1889. — On donne un cercle ayant pour centre le point O et une parabole P, on considère les coniques C inscrites dans le quadrilatère formé par les tangentes communes au cercle et à la parabole. Cela posé, on demande :

1° De trouver l'enveloppe des polaires A du centre O par rapport aux coniques C;

2° L'enveloppe des tangentes δ aux coniques C telle que la normale au point de contact passe par O; l'enveloppe des axes des coniques C. Le lieu géométrique des pieds des perpendiculaires abaissées de O sur A, sur les tangentes δ et sur les axes de C.

1890. — On donne une surface du second ordre S, un point fixe A sur cette surface, et une conique C située dans un plan P.

Les trois droites qui joignent le point A aux sommets A_1, A_2, A_3 d'un triangle T situé dans le plan P rencontrent respectivement la surface S en des points a_1, a_2, a_3 autres que A.

1° Démontrer que le plan $a_1\,a_2\,a_3$ passe par un point fixe M quand le triangle T se déplace dans un point P en restant conjugué par rapport à la conique C;

2° Trouver le lieu décrit par le point M quand la conique C varie en restant circonscrite à un quadrilatère donné;

3° Trouver le lieu décrit par le point M quand la conique C varie en restant ensuite dans un quadrilatère donné.

V. — Agrégation des Sciences mathématiques.

1871. — On donne trois points A, B, C; on demande de trouver le lieu des centres des ellipsoïdes de révolution pour lesquels ces trois points fixes sont les extrémités de trois diamètres conjugués.

(Solution par M. DE GROSSOUVRE. — *Nouvelles Annales*; 2e Série, t. X, p. 372.)

1872. — On donne deux droites fixes Δ et Δ', qui ne se rencontrent pas; par ces deux droites on fait passer des surfaces L du second degré, pour lesquelles la somme des carrés des longueurs algébriques des axes, ainsi que le produit de ces mêmes longueurs, sont des quantités constantes et données :

1° Trouver le lieu des centres des surfaces L;

2° Considérant une quelconque des surfaces L et le centre I de cette surface, on mène par le point I une droite rencontrant les deux droites fixes en D et D'; calculer la distance DD';

3° Par les points D et D', on mène des plans respectivement perpendiculaires aux droites Δ et Δ'; trouver le lieu des intersections de ces plans.

(Solution par M. CROSNIER. — *Nouvelles Annales*; 2e Série, t. XI, p. 450.)
(Autre solution par M. GAMBEY, t. XII, p. 92.)

1873. — On donne une hyperboloïde à une nappe, sur lequel on prend une génératrice déterminée G. En un point quelconque P de cette génératrice, on mène la normale à la surface; on suppose que cette normale, considérée comme un rayon incident, se réfléchit suivant la loi connue, sur le plan de l'ellipse de gorge. On demande : 1° la surface engendrée par le rayon réfléchi, lorsque le point P se déplace sur la génératrice G; 2° l'enveloppe des sphères ayant pour centre le point d'incidence et pour rayon la distance du point d'incidence au point P.

(Solution par M. GAMBEY. — *Nouvelles Annales*; 2e Série, t. XIII, p. 39.)

1874. — On donne une ellipse et une hyperbole homofocales; on imagine une conique quelconque G, doublement tangente à chacune des coniques données. On demande de trouver et de discuter le lieu des points de rencontre des tangentes à l'ellipse et à l'hyperbole aux points où ces courbes sont touchées par la conique variable.

(Solution par M. Fiot. — *Nouvelles Annales*; 2e Série, t. XIV, p. 308.)

(Autre Solution par M. Genty, t. XVII, p. 186.)

1875. — A un ellipsoïde donné, on circonscrit une série de surfaces du second degré, les courbes de contact étant l'intersection de l'ellipsoïde par un plan fixe P. On circonscrit ensuite à chaque surface un cône ayant pour sommet un point donné A :

1° Trouver le lieu des courbes de contact des cônes et des surfaces;

2° Classer les surfaces qui forment le lieu, quand on suppose le point P fixe et le point A mobile dans l'espace.

On déterminera pour chacune des variétés du lieu, les surfaces qui limitent les régions de l'espace où se trouve alors le point A.

(Solution par M. Gambey. — *Nouvelles Annales*; 2e Série, t. XVII, p. 77.)

1876. — On donne une parabole et un point H dont la projection orthogonale sur le plan de la parabole se fait au sommet de cette parabole :

1° Trouver l'équation générale des surfaces de révolution du second degré qui passent par la parabole P et par le point H.

2° Déterminer le nombre de celles de ces surfaces dont l'axe passe par un point A donné dans le plan Q, qui contient le point H de l'axe de la parabole P.

Classer les mêmes surfaces quand le point A se meut dans le plan Q.

(Solution par M. Gambey. — *Nouvelles Annales*; 2e Série, t. XVII, p. 414.)

1877. — On donne un ellipsoïde et un point A :

1° Trouver un point B tel que, en menant par ce point un plan quelconque P, la droite AB soit toujours l'un des axes du cône qui a pour sommet le point A et pour base la section de l'ellipsoïde par le point P;

2° Le problème a, en général, trois solutions : trouver pour quelles positions du point A le nombre des solutions devient infini ;

3° Le point A restant fixe, on suppose que l'ellipsoïde se déforme, de façon que les trois sections principales conservent les mêmes foyers, et l'on demande le lieu que décrit alors le point B.

(Solution par M. BOURGUET.—*Nouvelles Annales* ; 2ᵉ Série, t. XVIII, p. 170.)

1878. — On donne une sphère S, un plan P et un point A ; par le point A, on mène une droite qui rencontre P en un point B ; puis sur AB comme diamètre, on décrit une sphère S' ; le plan radical des sphères S et S' rencontre la droite AB en un point M.

1° Trouver le lieu décrit par le point M quand la droite AB tourne autour du point A.

2° Discuter le lieu précédent, en supposant que le point A se déplace dans l'espace, le plan P et la sphère S restant fixes.

(Solution par M. GAMBEY. — *Nouvelles Annales* ; 2ᵉ Série, t. XIX, p. 82.)

1879. — On donne un hyperboloïde à une nappe et un point A. On considère un paraboloïde circonscrit à l'hyperboloïde et tel que le plan P de la courbe de contact passe par le point A. Soit M le point d'intersection de ce paraboloïde avec celui de ses diamètres qui passe par A ; soit Q le point de rencontre de P avec la droite qui joint le point M au pôle du plan P, par rapport à l'hyperboloïde.

Le plan tournant autour de A, on demande :

1° Le lieu du point M ;

2° Le lieu du point Q. Ce second lieu est une surface du second degré S, que l'on discutera en faisant varier la position du point A dans l'espace ;

3° Le lieu des positions que doit occuper le point A, pour que S soit de révolution.

(Solution par M. GAMBEY. — *Nouvelles Annales* ; 3ᵉ Série, t. I, p. 245.)

1880. — On donne un ellipsoïde et l'on considère un cône ayant pour base la section principale de l'ellipsoïde perpendiculaire à l'axe mineur ; ce cône coupe l'ellipsoïde suivant une seconde courbe située dans le plan Q.

1° Le sommet du cône se déplaçant dans un plan donné P, trouver le lieu décrit par le pôle de Q, par rapport à l'ellipsoïde ;

2° Ce lieu est une surface du second degré Σ ; on demande de déterminer les positions du plan P pour lesquelles le cône asymptote de Σ a trois génératrices parallèles aux axes de symétrie de l'ellipsoïde.

3° Le plan P se déplaçant de façon qu'il satisfasse aux conditions précédentes, trouver le lieu des foyers des sections faites dans une surface Σ par un plan fixe R perpendiculaire à l'axe mineur de l'ellipsoïde;

4° Trouver la surface engendrée par la courbe, lieu de ses foyers, quand le plan R se déplace parallèlement à lui-même.

(Solution par M. Baudènes. — *Nouvelles Annales*; 3e Série, t. I, p. 180.)

1881. — On donne un ellipsoïde. On considère des droites D telles que, si par chacune d'elles on mène des plans tangents à l'ellipsoïde, les normales aux points de contact, M et M', soient dans un même plan :

1° Démontrer que la droite D et la droite des contacts MM' sont rectangulaires;

2° Trouver le lieu des droites D qui passent par un point donné A;

3° Ce lieu est un cône du second degré; trouver le lieu des positions du point A pour lesquelles ce cône est de révolution;

4° Trouver l'enveloppe C des droites D qui sont contenues dans un plan donné P, et trouver la surface S engendrée par C quand P se déplace parallèlement à un plan donné Q;

5° Trouver, pour quelle direction de Q la surface S est de révolution.

(Solution par M. Genty. — *Nouvelles Annales*; 3e Série, t. VI, p. 401.)

1882. — On donne une ellipse et un point P dans son plan :

1° Trouver le nombre de cercles osculateurs à l'ellipse tels que chacune des cordes communes à l'ellipse et à ces différents cercles passe par le point P;

2° Trouver, pour chacune des positions du point P, combien de ces cercles sont réels;

3° Démontrer que les points de contact de l'ellipse et des cercles osculateurs sont sur un même cercle C;

4° Trouver l'enveloppe E des cercles C, quand P décrit l'ellipse donnée;

5° La courbe E peut être considérée comme l'enveloppe d'une série de cercles qui coupent à angle droit un cercle fixe et dont les centres sont sur une conique. Chercher de combien de manières différentes est susceptible ce mode de génération.

1883. — D'un point donné P, on mène des normales à un ellipsoïde donné :

1° Démontrer que, par les pieds de ces six normales, on peut faire passer une infinité de surfaces du second ordre S, concentriques à l'ellipsoïde ;

2° Trouver le lieu que doit décrire le point P pour que les surfaces S soient de révolution ;

3° Déterminer le cône lieu des axes de révolution des surfaces S ;

4° Sur la section de ce cône, par un plan perpendiculaire à l'axe mineur de l'ellipsoïde, indiquer les points par lesquels passe l'axe de révolution quand la surface S est un ellipsoïde, un hyperboloïde à une ou deux nappes, un cône, un cylindre ou un système de deux plans parallèles.

(Solution par M. MORET-BLANC. — *Nouvelles Annales* ; 3e Série, t. VII, p. 335.)

1884. — On donne une ellipse et une hyperbole situées respectivement dans deux plans rectangulaires P et Q, et pour chacune desquelles la droite d'intersection des deux plans P et Q est un axe de symétrie.

1° On considère tous les plans R tangents à la fois à l'ellipse et à l'hyperbole, et l'on propose de démontrer qu'il existe une infinité de surfaces du second degré S, tangentes à la fois à tous les plans R ;

2° Trouver le lieu des centres des surfaces S et déterminer la nature de chacune de ces surfaces, suivant les positions occupées par son centre ;

3° Trouver les conditions nécessaires et suffisantes pour que les surfaces S soient homofocales.

(Solution par M. JAGGI. — *Nouvelles Annales* ; 3e Série, t. VII. p. 341.)

1885. — Étant donnés une sphère S et un petit cercle C de cette sphère, on propose :

1° De montrer qu'il existe deux paraboloïdes passant par le cercle C et touchant la sphère en un point M donné sur sa surface ; former les équations des deux paraboloïdes ;

2° Trouver le lieu des sommets des paraboloïdes correspondant aux divers points M de la surface S ;

3° A un point M et au point M′ diamétralement opposé sur la surface de la sphère correspondent quatre paraboloïdes qui, combinés deux à deux d'une manière convenable, ont une ligne commune autre que le cercle C; déterminer la surface engendrée par cette ligne commune lorsque le diamètre MM′ prend toutes les directions possibles.

1886. — Étant donnés dans un plan une droite D, un point O sur cette droite et une droite D′, on demande :

1° De former l'équation générale des coniques qui touchent la droite D au point O et qui ont la droite D′ pour directrice;

2° De montrer que deux de ces coniques passent par un point quelconque P du plan. Déterminer la région où doit se trouver le point P pour que ces deux courbes soient réelles, et, dans ce cas, en reconnaître le genre;

3° Les deux coniques du faisceau considéré, qui passent en un point P, se coupent en un second point P′; calculer les coordonnées du point P′ en fonction de celles du point P; et, en supposant que le point P décrive une ligne C, trouver quelle doit être la forme de l'équation de cette ligne pour que le point P′ décrive la même ligne.

(Solution par M. Barisien. — *Nouvelles Annales*; 3e Série, t. VI, p. 372.)

1887. — 1° Démontrer que le lieu des points, tels que les tangentes menées de chacun d'eux à une conique S soient conjuguées harmoniques par rapport aux tangentes menées à une autre conique S′, est une troisième conique Σ qui passe par les points de contact a, b, c, d, a', b', c', d' des tangentes communes aux deux coniques S et S′;

2° La conique S étant une ellipse donnée, et la conique Σ un cercle donné, trouver l'équation de la conique S′;

3° Démontrer qu'il existe quatre circonférences de cercle réelles passant chacune par deux foyers de la conique S et deux foyers de la conique S′;

4° Soient a et a' les points de contact de S et S′ avec l'une de leurs tangentes communes. Démontrer que si a' est la projection du centre de la conique S sur la tangente commune, les normales à S′ aux points b', c', d' se coupent en un point M qui reste fixe, quand Σ varie de façon à passer constamment en a et a'.

(Solution par M. Ferval. — *Nouvelles Annales*; 3e Série, t. VI, p. 236.)

1888. — On donne un ellipsoïde S et deux points P et P′, et l'on considère les ellipses C et C′ suivant lesquelles l'ellipsoïde est coupé par les plans polaires des points P et P′ ;

1° Démontrer que les coniques C et C′ et les points P et P′ sont situés sur une quadrique Σ, qui, en général est unique;

2° Discuter cette quadrique en supposant que le point P′ se déplace dans l'espace, le point P et l'ellipsoïde S restant fixes ;

3° Les points P et P′ étant supposés fixes et situés de façon que la quadrique Σ soit indéterminée, trouver le lieu du centre de cette quadrique ;

4° En supposant que les points P et P′ se déplacent de façon que la quadrique Σ soit une sphère, trouver la surface enveloppe E de cette sphère ;

5° Peut-on déterminer un point A tel que la transformée par rayons vecteurs réciproques de la surface E, en prenant le point A pour pôle, soit un cône du seond degré.

1889. — On donne un cône du second degré C et deux quadriques A et A′ inscrites dans ce cône. On considère une quadrique variable S inscrite dans le même cône et touchant les quadriques données A et A′ en des points variables α et α'.

1° Démontrer que la droite $\alpha\alpha'$ passe par un point fixe ;

2° Trouver le lieu de la droite d'intersection des plans tangents à la surface S aux points α et α';

3° Démontrer que le lieu du pôle d'un plan fixe P par rapport à la surface S se compose de deux coniques bitangentes ;

4° Trouver le lieu de la droite qui passe par les points de contact de ces deux quadriques lorsque le plan P se déplace en restant parallèle à un plan tangent au cône.

1890. — I. On donne deux droites xOx', yOy', qui se coupent en un point O, et sur la première un point A, sur la seconde un point B. Une droite mobile rencontre xOx' en M et yOy' en N, et l'on suppose que la longueur MN est égale à la somme ou à la valeur absolue de la différence des longueurs AM et BN :

1° Démontrer qu'il y a deux séries de droites qui satisfont à cette condition. Trouver combien on peut faire passer de ces droites par un point donné P du plan. Construire ces droites et distinguer parmi ces droites celles pour lesquelles la longueur MN est la somme des longueurs AM et BN de celles pour lesquelles elle en est la différence ;

2° Soit MN une droite appartenant à l'une des deux séries; démontrer que le lieu du centre du cercle circonscrit au triangle OMN est une conique qui a un foyer au point O, et que l'enveloppe du cercle circonscrit au triangle OMN est un cercle.

II. On donne un triangle ABC et un point P dans son plan :

a. Trouver le lieu des centres des coniques S inscrites dans le triangle ABC et qui sont vues du point P sous un angle donné ω;

b. Discuter ce lieu en supposant que le point P se déplace dans le plan du triangle;

c. Démontrer que, si l'angle donné ω est droit, toutes les coniques S sont aussi vues sous un angle droit d'un autre point P'. Montrer que, dans ce cas, si le point P se déplace, la droite PP' passe par un point fixe I, et que le produit IP, IP' est constant.

FIN DE LA SECONDE PARTIE.

TABLE DES MATIÈRES.

I. — GÉOMÉTRIE ANALYTIQUE A TROIS DIMENSIONS.

CHAPITRE I.

PLAN, LIGNE DROITE, SPHÈRE.

2. — Sphère.

Exercices :

CHAPITRE II.

GÉNÉRATION DES SURFACES.

1. — Surfaces cylindriques.

2. — Surfaces coniques.

3. — Surfaces conoïdes.

4. — Surfaces de révolution.

5. — Surfaces réglées.

II. — PROBLÈMES GÉNÉRAUX.

CHAPITRE I.

GÉOMÉTRIE PLANE.

CHAPITRE II.

GÉOMÉTRIE A TROIS DIMENSIONS.

Exercices :

III. — ÉNONCÉS.

FIN DE LA TABLE DES MATIÈRES DE LA SECONDE PARTIE.

Paris. — Imp. Gauthier-Villars et fils, 55, quai des Grands-Augustins.

www.ingramcontent.com/pod-product-compliance
Lightning Source LLC
LaVergne TN
LVHW091638100826
845152LV00005B/82

* 9 7 8 1 4 1 8 1 6 6 0 2 1 *